PREMIÈRES CONNAISSANCES

EN

AGRICULTURE.

Beauvais. — Imprimerie de Constant MOISAND.

PREMIÈRES CONNAISSANCES

EN

AGRICULTURE,

COURS ÉLÉMENTAIRE

CONFORME

AU PROGRAMME OFFICIEL D'ENSEIGNEMENT PRIMAIRE,

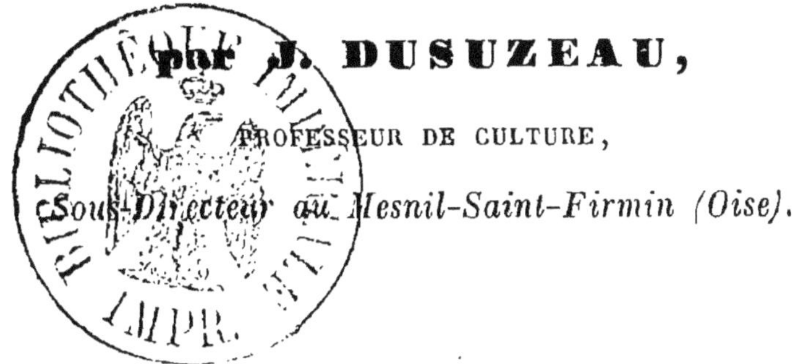

PAR J. DUSUZEAU,

PROFESSEUR DE CULTURE,

Sous-Directeur au Mesnil-Saint-Firmin (Oise).

PARIS,

LIBRAIRIE DE E. LACROIX,

15, QUAI MALAQUAIS.

1861.

AVERTISSEMENT.

Ce petit livre contient en abrégé les principes de l'agriculture moderne. Il renferme une première instruction complète et déjà très-avancée.

La forme interrogative a paru la plus propre à seconder l'enseignement du maître. Chaque question résume un point essentiel de la culture, et les chapitres se trouvent ainsi découpés en petites sections qui, suivant l'âge et l'aptitude des élèves, peuvent recevoir un développement plus ou moins étendu.

Toutes les notions agricoles que l'arrêté ministériel du 31 juillet 1851 a prescrites, pour être le complément nécessaire de l'instruction des enfants dans nos écoles primaires, sont rédigées d'après le programme officiel, avec l'ordre, la précision et la simplicité qui rendent l'étude fructueuse et attachante.

PLAN DE L'OUVRAGE.

—

Ce cours élémentaire d'agriculture est divisé en trois parties. La première, sous le titre de *Culture générale*, comprend la connaissance des différents sols, les instruments, les opérations culturales et les matières fertilisantes.

Pour condenser, dans cet opuscule qui doit être appris par cœur, le plus de choses utiles, nous avons élagué à dessein tous les détails qui eussent chargé inutilement la mémoire des jeunes élèves. S'étendre sur un instrument très-usuel, ou sur un travail banal, avec lequel on est à la campagne familiarisé dès l'enfance, n'est-ce pas entraver, par une description aussi fastidieuse que superflue, la marche d'un livre élémentaire? Il nous a semblé bien préférable d'insister sur les bases d'une pratique rationnelle, sur les faits numériques, sur les procédés nouveaux qui ont conquis, par leur perfection, le droit d'être adoptés dans les fermes les mieux tenues et recommandés par les auteurs agricoles qui font autorité. Nous osons le croire, ce petit cours a un caractère pratique qui n'existe pas au même degré dans les ouvrages du même genre, caractère qui le rend essentiellement classique.

La seconde partie passe en revue les groupes des plantes admises dans la grande culture. C'est l'*agriculture spéciale* qui indique les soins que chacune d'elles réclame pour produire les récoltes les plus sûres et les plus élevées. Là encore, les éléments numériques sont multipliés pour meubler utilement la mémoire et pour constituer une étude sérieuse. Cette partie se termine par les principes des assolements et les premières améliorations d'un faire-valoir.

L'élève qui a bien compris et retenu les 240 paragraphes que contiennent les deux premières parties, possède déjà sur les principes fondamentaux de l'agriculture, des notions suffisantes pour apprécier combien la méthode de culture moderne est supérieure à la pratique ancienne et pour reconnaître l'excellence d'une profession qu'on a pu lui peindre ingrate et calamiteuse.

Dans la troisième partie, sous le nom de *Compléments et Additions*, nous avons exposé quelques notions sur le rôle des agents naturels de la végétation et sur l'analyse des marnes et des terres ; nous avons décrit succinctement les insectes et les plantes nuisibles, et montré les avantages d'une bonne viabilité. La théorie des assolements a été complétée, et tous les principes qu'il n'avait été permis que d'effleurer dans les deux premières parties, ont été développés dans les limites de ce qui est réellement utile aux commençants.

Méthode d'enseignement à l'aide de ce petit Cours.

Que MM. les Instituteurs et les Pères de famille qui veulent bien adopter ce livre élémentaire nous permettent de leur recommander les moyens suivants de rendre profitable leur enseignement.

1° Avant de donner une portion du texte à apprendre, expliquez avec soin toutes les phrases, tous les mots, et assurez-vous que vos explications sont bien comprises. La leçon sue textuellement, faites raisonner l'élève sur chaque question, provoquez ses efforts par de nouvelles questions posées sous une autre forme.

2° Offrez à résoudre de fréquents problèmes d'arithmétique sur les engrais, les labours, les cultures spéciales. Ce manuel contient presque à chaque question des chiffres faciles à combiner. On comprend combien de tels exercices numériques et économiques à la fois présentent d'intérêt pour la vie pratique à la campagne.

3° Établissez un jardin d'expériences pour y cultiver les variétés les plus méritantes de nos plantes domestiques agricoles, et pour reconnaître quelles sont celles qui peuvent apporter dans le pays de nouveaux éléments de prospérité.

4° Consacrez les promenades du jeudi et du dimanche à la visite des fermes du voisinage renommées pour leur bonne tenue, à l'étude sur place des instruments perfectionnés, des opérations agricoles exécutées avec intelligence et des assolements les plus judicieux.

5° Que ces excursions soient, chaque semaine, l'objet de rédactions écrites dans un style simple, avec ordre et clarté. Ces devoirs auront d'autant plus de mérite qu'ils seront accompagnés de dessins métriques, et qu'ils présenteront les faits appuyés non sur des valeurs fictives, mais sur des nombres réels et positifs.

6° Sur tous les points de la France, les Comices provoquent avec une sollicitude infatigable l'essor de l'enseignement agricole. Aussi ne saurions-nous inviter avec trop d'instances MM. les Instituteurs et les pères de famille à suivre assidûment les travaux du Comice de leur circonscription, et à convier la jeunesse qui leur est confiée à ces fêtes villageoises si instructives et si morales qui portent le nom de Concours agricoles.

On a dressé, à la fin du livre, pour faciliter les recherches, un index alphabétique complet.

PROGRAMME OFFICIEL DES NOTIONS DE CULTURE

DANS LES ÉCOLES NORMALES PRIMAIRES.

(Les chiffres marquent les n^{os} des questions traitées.)

Terres diverses. 6 à 26 ; 249 à 255.
Amendements. 30 à 37 ; 118 à 124 ; 256 , 257.
Engrais. 90 à 118 ; 258 à 262.
Principales cultures ; leur rendement. 125 à 224.
Prairies artificielles. 168 à 187.
Fourrages naturels. 188 à 198.
Irrigation. 38 à 40 ; 196 et 197.
Assolements. 228 à 235 ; 275 à 284.
Suppression de la jachère. 225 à 227.
Principaux instruments aratoires. 41 à 76.
Chemins. 298 à 300.

Les notions d'horticulture et de zootechnie sont
exposées dans deux opuscules spéciaux.

TABLE MÉTHODIQUE DES MATIÈRES.

PREMIÈRES CONNAISSANCES

EN AGRICULTURE.

PREMIÈRE PARTIE.

—

Culture générale.

CHAPITRE PREMIER.

—

De la profession agricole.

1. *Qu'est-ce que l'agriculture?*

L'agriculture est l'art de cultiver la terre, c'est-à-dire de produire les plantes utiles à l'homme et aux animaux qu'il entretient.

2. *Quel rang occupe l'agriculture parmi les professions?*

Le premier rang, car l'agriculture est la nourrice du genre humain, la mère des industries les plus importantes, et partant, la source des véritables richesses.

3. Quels sont les avantages de la vie des champs?

La vie des champs est la plus favorable à la santé, la plus libre, la plus utilement occupée, la plus morale, la plus paisible et la moins exposée aux déceptions et aux revers. (1)

4. Quelles sont les qualités d'un bon cultivateur?

Le savoir, l'activité, la prudence, l'ordre et l'économie. La culture ne peut devenir florissante qu'entre les mains d'hommes instruits et énergiques. (2)

5. Quelles sont les études spéciales que doit faire le cultivateur?

Le cultivateur doit étudier : 1° les caractères et les propriétés des sols ; 2° les instruments et les machines aratoires ; 3° les opérations mécaniques de la culture ; 4° les matières fertilisantes ; 5° la multiplication et la récolte des plantes ; 6° les assolements.

(1) Voir : *Lectures choisies sur la vie rurale*, extraites de nos auteurs classiques et destinées aux exercices de mémoire, de grammaire et de style dans les écoles et les familles. 1re partie : *prose;* 2e partie : *poésie.* 0 ^{f.} 50 ^{c.} le volume.

(2) Voir : *La Sagesse du cultivateur* ou *Science de la vie pratique agricole.* Choix de pensées et de conseils sur les intérêts moraux et matériels du cultivateur.

2° Du sol et du climat.

6. *Qu'est-ce que le sol?*

Le sol est la couche de terre végétale qui est façonnée par les labours et qui sert de point d'appui et de principal aliment à la plante.

7. *Quelles sont les parties constituantes du sol?*

Le sol se compose de quatre substances principales : l'argile, le sable, le calcaire et l'humus, unies en proportions très-variables. Il contient en outre de la potasse, de la soude, de l'oxide de fer et différents sels.

8. *D'où proviennent les substances constituantes du sol?*

De débris en décomposition ; l'argile, le sable et le calcaire proviennent de roches minérales, l'humus ou matière organique, de végétaux et d'animaux.

9. *Qu'entend-on par terres argileuses?*

On donne le nom d'argileuses aux terres où domine l'argile, substance grasse, douce au toucher, happant à la langue, et d'une odeur particulière. Ces sortes de terres sont tenaces, humides, difficiles à travailler, mais généralement fertiles.

10. *Qu'entend-on par terres sableuses?*

Les terres sableuses ou mieux siliceuses sont celles où domine la silice, substance pulvérulente, craquant sous la dent et rugueuse au toucher. Ces sortes de terres ont peu de consistance, perdent vite leur fraîcheur et leurs engrais, mais sont d'une culture très-facile.

11. *Qu'appelle-t-on terre calcaire?*

On nomme calcaire la terre où domine le carbonate de chaux, substance ordinairement blanche qui bout quand on l'arrose avec un acide énergique ou même avec du vinaigre.

12. *Quels sont les caractères des terres calcaires?*

Les terres calcaires pures gardent mal la fraîcheur et les engrais, s'encroûtent à la surface après la pluie, s'échauffent en été au point de brûler les plantes, et se déchaussent par les gelées. Les instruments aratoires les travaillent sans peine à l'état sec, mais s'y encrassent à l'état humide.

13. *Qu'est-ce que l'humus ou terreau?*

L'humus est une substance brune ou noirâtre, légère, onctueuse au toucher, combustible, qui est le principal aliment des plantes et par conséquent la base de toute fertilité. Les terres dites franches ou limons contiennent de 5 à 15 % d'humus, de 8 à 15 de calcaire, le reste est un mélange de sable fin et d'argile.

14. *Quelles sont les substances qui neutralisent parfois l'action de l'humus?*

L'humus formé de marcs de fruit, les tourbes et les plantes pourries sous l'eau, les terreaux chargés de tannin (1) présentent des caractères d'acidité qui les rendent impropres à la végétation. On les corrige à l'aide de la chaux, des cendres et du fumier.

15. *Comment désigne-t-on les terres composées?*

En énonçant d'abord l'élément qui domine. Ainsi on dit d'un terrain contenant plus d'argile que de calcaire, qu'il est argileux-calcaire, ou par abréviation, argilo-calcaire.

16. *Qu'appelle-t-on terres chaudes?*

On appelle terres chaudes celles qui s'échauffent facilement, qui ont une végétation précoce et donnent des produits de bonne qualité. Elles se distinguent surtout par leur couleur foncée. La pente, l'exposition au midi, une proportion élevée de sable augmentent encore cette faculté.

17. *Qu'appelle-t-on terres froides?*

On appelle terres froides celles dont la végétation tardive au printemps, languissante en été, s'arrête de bonne heure en hiver. Elles sont très-argileuses, humides, très-faiblement colorées ou blanches, à surface ordinairement plane, exposées au nord.

18. *Qu'est-ce que le sous-sol?*

On donne le nom de sous-sol à la partie du sol placée sous la couche végétale. Quand il est de

(1) Lorsque ces terreaux proviennent surtout de la décomposition des fougères et des bruyères ou de celle des feuilles de chêne et de bouleau.

bonne nature, on le mélange au sol avec grand avantage par des labours profonds. La première qualité du sous-sol c'est d'être perméable, c'est-à-dire de laisser passer facilement l'eau surabondante.

19. *Qu'appelle-t-on climat?*

On désigne par le nom de climat la température propre à une contrée. Le degré de chaleur, le degré d'humidité, la force et la durée des vents, la quantité de pluie, la persistance des neiges, les orages, etc., ont une influence capitale sur la végétation et la culture d'un pays.

CHAPITRE II.

—

Travaux d'améliorations permanentes.

20. *Quel est le but du défrichement?*

Le défrichement a pour but de soumettre à la culture des marécages et des terrains incultes ou boisés. Les terres assises sur des bancs de pierres ou situées sur une pente trop rapide, ne sont pas susceptibles d'être cultivées avec profit.

21. *Comment défriche-t-on les terres incultes?*

Si les terres incultes sont envahies par des arbustes, tels que l'ajonc, le genêt, le genévrier, etc., on arrache les grosses racines à la pioche, on donne ensuite avec une forte charrue deux ou trois labours, suivis de hersages énergiques.

22. *Qu'appelle-t-on écobuage?*

L'écobuage est une opération qui consiste à lever la surface de la friche en mottes avec lesquelles on construit des fourneaux coniques, de 1 mètre de diamètre à la base et de 4 mètres 50 de hauteur, et évidés au centre. Quand ils sont bien secs, on les allume avec une poignée de broussailles et les cendres en sont répandues uniformément à la surface du champ.

23. *Quels sont les terrains qu'il convient d'écobuer?*

Les sols tourbeux, les marais desséchés et les friches compactes dont les mottes contiennent beaucoup de débris végétaux entrelacés, sont les terrains sur lesquels l'écobuage s'applique avec le plus de profit.

24. *Comment défriche-t-on les bois?*

Le meilleur mode de défrichement des bois consiste à creuser autour du pivot de chaque gros arbre en coupant toutes les racines latérales; alors la tige faisant office de levier, on ébranle l'arbre et on l'arrache aisément. Le terrain est ensuite nivelé à la pioche, puis labouré en différents sens et à différentes profondeurs par une charrue puissante.

25. *Qu'est-ce que l'épierrement?*

C'est l'enlèvement des pierres et des roches qui encombrent le terrain et nuisent à la culture et à la végétation. On les utilise suivant leur volume, pour la confection des routes, des clôtures et des fossés couverts.

26. *Quels sont les inconvénients de l'excès de l'humidité du sol?*

Cet excès d'humidité rend les labours difficiles, paralyse l'action des engrais et des amendements, nuit à la germination des semences, à la maturité et à la qualité des récoltes.

27. *Quels sont les moyens d'assainir les terrains humides?*

Si l'eau est superficielle, on en débarrassera le

champ en labourant profondément, après avoir ou-
vert des fossés d'une pente et d'une largeur suffisantes, — ou en creusant des puisards jusqu'à la
rencontre d'une couche perméable. Si l'eau est
souterraine, on établit dans le sous-sol des fossés
couverts dont le fond est rempli de pierrailles et
de fascines de bois vert à travers lesquelles l'eau
s'échappe comme d'un filtre.

28. *Qu'entend-on par drainage?*

On nomme drainage l'assainissement du sol au
moyen de tuyaux de terre cuite de 25 à 50 millimètres de diamètre intérieur sur 0,35 centim.
de long posés bout à bout au fond des rigoles
ou drains. Ces tuyaux forment un canal continu,
moins susceptible de s'engorger que les fossés
garnis de fascines, et d'une durée bien supérieure.

29. *Quelle doit être la profondeur des drains?*

La profondeur des drains est généralement de
1^m20 à 1^m30 et l'espacement de 8 à 16 mètres. On
donne par mètre 5 millimètres de pente; mais si
les eaux sont chargées d'un limon ferrugineux, il
faut doubler cette pente.

30. *Qu'est-ce que le marnage?*

Le marnage est une opération qui a pour but
d'introduire l'élément calcaire sous forme de marne
ou de craie dans un terrain qui en est dépourvu.
La proportion de 3 à 5 pour 100 de calcaire suffit
pour changer la nature de ce terrain.

1.

31. *Comment reconnaît-on la marne?*

La marne est une combinaison intime de calcaire et d'argile ou de sable. Elle est très-variable de composition, de consistance et de couleur ; mais on la reconnaît facilement parce qu'elle se délite à l'air (c'est-à-dire tombe en poussière) et qu'elle bouillonne quand on verse dessus un acide quelconque.

32. *Comment se répand la marne?*

Après avoir fait choix pour un terrain sableux, d'une marne argileuse, — pour un terrain argileux, d'une marne sableuse, — pour un terrain froid, aigre et tourbeux d'une marne très-calcaire, on dépose cet amendement par petits tas de même volume, à égale distance, à l'automne ou en hiver. Au printemps on sème à la pelle les tas pulvérisés par la gelée et on donne un léger labour.

33. *Quels sont les effets du marnage?*

Le marnage donne de la consistance aux sables, de la légèreté aux argiles. Il neutralise l'acidité des terrains, rend l'humus plus actif, détruit les mauvaises herbes, augmente le rendement de toutes les récoltes et accroît singulièrement leurs qualités nutritives ou industrielles.

34. *Qu'est-ce que le chaulage?*

Le chaulage est une opération analogue au marnage et qui produit les mêmes effets. La chaux vive est la pierre calcaire calcinée, c'est-à-dire, cuite au four. Elle se pulvérise au contact de l'air. On la répand en cet état à l'aide d'un semoir mécanique, à la pelle, ou même à la main recouverte d'un gant.

35. *Combien d'espèces de chaux sont employées?*

La chaux grasse et la chaux maigre, sont les deux espèces les plus usitées. La première, en contact avec l'eau, siffle, fuse très-vite, et forme une pâte liante et onctueuse ; l'autre dégage peu de chaleur, et forme une pâte grenue. On applique par hectare environ 25 hectolitres de chaux grasse tous les cinq ans. La chaux maigre s'emploie à plus haute dose.

36. *Comment améliore-t-on les argiles ?*

L'amélioration des argiles peut s'opérer par le transport de sables ou mieux de marnes sableuses. On corrige encore les défauts de l'argile, avec l'argile même calcinée. En cet état, elle perd sa ténacité et devient poreuse, sans perdre sa faculté d'absorber les gaz fertilisants.

37. *Quel est le but du limonage ou colmatage ?*

Le colmatage a pour but d'accroître la fertilité d'un terrain et d'en élever le niveau, au moyen de dépôts successifs de limon charrié par un cours d'eau. On fertilise ainsi des marais stériles, de vieilles tourbières ; on transforme en riches terrains le sol de vallées improductives.

38. *Qu'est-ce que l'irrigation ?*

L'irrigation a pour but : 1° de remédier à la sécheresse qui entrave la végétation ; 2° de transporter à l'état de dissolution des principes fertilisants, et 3° de faire périr les mauvaises herbes.

39. *En quoi consiste en général l'irrigation?*

Les travaux d'irrigation se résument à amener un cours d'eau à la partie supérieure du sol, à faire séjourner cette eau un temps convenable, à l'aide de barrages, dans les différentes parties du terrain, et à l'évacuer par un canal de décharge.

40. *Quels sont les deux principaux systèmes d'irrigation?*

L'irrigation peut avoir lieu de deux manières : 1° *par immersion* en faisant refluer et courir l'eau à la surface du sol ; 2° *par infiltration* en la maintenant à quelques centimètres au-dessous du bord des rigoles, pour qu'elle n'arrose que les racines des plantes (1).

(1) Quoique ce petit Traité d'Agriculture puisse être compris sans figures, le dessin des instruments, des opérations et des plantes donne tant de clarté à l'enseignement et tant d'attrait à l'étude, que l'auteur de cette petite collection a jugé à propos de composer à part un *Recueil de figures métriques* (un vol. in-18 ; 0ᶠ 50ᶜ) pour servir à l'intelligence plus rapide du texte et surtout pour présenter aux enfants des écoles rurales une série d'exercices graphiques d'une grande utilité.

CHAPITRE III.

—

Des Instruments et Machines aratoires et de leur emploi.

41. *Quels sont les principaux instruments aratoires ?*

La culture du sol comprend deux séries d'opérations. La premère est relative au sol nu, et s'effectue à l'aide de la charrue, de la herse, du scarificateur, du rouleau et du semoir. La seconde est relative au sol emblavé, et s'effectue à l'aide de la houe à cheval, du buttoir et des machines à faner et à moissonner.

42. *Qu'est-ce que la charrue?*

La charrue, le plus important des instruments aratoires, a pour objet 1° de retourner le sol par bandes régulières pour l'ameublir et le fertiliser par le contact immédiat avec l'air ; 2° d'enfouir les substances destinées à la nutrition des récoltes : engrais verts ou pailleux, amendements et compost, etc. ; 3° et quelquefois de couvrir les semences. On y distingue le corps et le bâtis.

43. *Quelles parties comprend le corps de la charrue?*

1° Le coutre qui coupe verticalement le sol ; 2° le

soc qui détache la bande horizontalement, par-dessous ; 3° le versoir qui la soulève graduellement et la renverse sous un angle de 45 degrés environ.

44. *Quelles sont les pièces du bâtis?*

1° Le sep, base de la charrue qui reçoit le soc à sa partie antérieure; 2° l'âge appelé aussi haie, ou flèche, est une pièce de bois qui transmet le tirage au corps de la charrue ; 3° les étançons, supports en bois ou en fer qui servent à unir le sep à l'âge ; 4° les mancherons, qui, sous la main du laboureur, maintiennent l'instrument dans une marche régulière.

45. *Qu'appelle-t-on avant-train?*

L'avant-train est composé de deux petites roues, dont l'essieu porte une sellette, qui sert d'appui à l'extrémité de l'âge. Il offre le moyen de donner plus ou moins d'entrure, soit en allongeant ou en raccourcissant l'âge, soit en abaissant ou en relevant la sellette. Les charrues munies de cet appareil portent le nom de charrues à avant-train.

46. *Qu'est-ce que l'araire ou charrue simple?*

C'est une charrue qui marche sans avant-train. Elle est munie d'un régulateur que l'on baisse ou que l'on hausse pour prendre plus ou moins d'entrure. Pour augmenter ou diminuer la largeur de la bande, on accroche la chaîne de tirage à droite ou à gauche. Quelques araires s'appuient sur une petite roue, d'autres sur un sabot.

47. *Quels sont les avantages de l'araire?*

L'araire exige moins de force que la charrue à avant-train parce que la ligne de tirage est plus directe, elle peut ouvrir une raie plus profonde et l'évider mieux, elle laboure plus aisément un terrain inégal, embarrassé d'arbres ou de haies. Il faut pour la conduire un peu plus d'adresse.

48. *Quelle est la meilleure charrue?*

La meilleure charrue est la moins tirante, la moins compliquée, la moins fatigante pour le conducteur, la plus facile à régler, et celle qui exécute le mieux à différentes profondeurs la double opération d'évider la raie et de tourner la bande. La charrue de Dombasle remplit parfaitement ces conditions.

49. *Qu'appelle-t-on charrue tourne-oreille?*

C'est une charrue munie de deux versoirs qui fonctionnent alternativement, ou d'un seul versoir mobile que l'on change de côté à chaque tour, ou composée de deux corps superposés. Les charrues tourne-oreille ont sur les autres l'avantage de jeter la terre aussi bien à droite qu'à gauche, alternativement, et par conséquent de faire les tournées les plus courtes au bout des sillons.

50. *Combien distingue-t-on de sortes de labours?*

On dispose le sol de trois manières différentes par le labour : 1° à plat, 2° en planches, 3° en billons. Le premier mode n'admet aucune raie ouverte ou rigole séparative, le second divise le sol en planches de 10 , 20 ou 30 mètres, séparées par une rigole. Le dernier, particulier aux terrains humides ou peu profonds , dresse le sol en planches bombées.

51. *Quelle est la profondeur du labour?*

Un labour superficiel atteint 0^m10 à 0^m15^{cent}; un labour moyen 0^m15 à 0^m20; un profond 0^m20 à 0^m25. L'opération qui consiste à ameublir jusqu'à 0^m30 ou 0^m40, se nomme défoncement. On l'effectue à l'aide de la bêche ou d'une charrue puissante.

52. *Quels sont les avantages du défoncement?*

La terre défoncée offre à la plante plus de fraîcheur, plus d'espace pour le jeu des racines, plus de ressources alimentaires. Elle devient plus saine, peut recevoir plus d'engrais, augmente l'abondance des récoltes et préserve les céréales de la verse.

53. *Qu'appelle-t-on labour croisé?*

On croise le labour, quand à la deuxième façon, on coupe perpendiculairement les bandes du labour précédent. Cette œuvre produit plus parfaitement qu'un deuxième labour dans le même sens, l'ameublissement et le mélange du sol , des amendements et des engrais.

54. *Qu'est-ce que le buttoir?*

Le buttoir est une sorte de charrue comprenant deux versoirs qui peuvent s'écarter ou se rapprocher à volonté; il sert à chausser les plantes, à former des ados, et à ouvrir des rigoles d'écoulement.

55. *Qu'est-ce que la herse?*

La herse est un instrument qui se compose d'un bâtis en bois, de forme carrée ou triangulaire, dans lequel sont implantées régulièrement des dents en fer ou en bois.

56. *Qu'est-ce que le hersage?*

On appelle hersage le travail que la herse accomplit pour briser les mottes, recouvrir la semence et enterrer les engrais pulvérulents.

57. *Qu'est-ce que le scarificateur?*

Le scarificateur est une sorte de herse puissante, soutenue sur des roues et dont le châssis est armé de coutres ou de socs au lieu de dents. Il sert à déchaumer le sol, à le rompre quand il est durci, à donner les labours d'ameublissement, à extirper les mauvaises herbes et à enterrer la semence.

58. *Qu'est-ce que la houe à cheval?*

On nomme houe à cheval un instrument destiné à biner les racines et les autres plantes semées en ligne. Il est traîné par un cheval, et armé d'un soc et de plusieurs coutres ou de lames coudées.

59. *Qu'est-ce que le rouleau?*

Le rouleau est un cylindre de bois, de pierre ou de fonte, à surface unie, dentée ou cannelée, destiné à briser les mottes, à aplanir le sol, à raffermir les céréales naissantes et à tasser les terres trop légères.

60. *Quels sont les principaux instruments de transport?*

Le charriot qui est monté sur deux paires de

roues; la charrette et le tombereau qui le sont sur une seule paire. En plaine, le charriot fatigue moins l'attelage, mais la charrette est plus commode dans les tournants et les chemins montueux et difficiles. Le tombereau n'est qu'une charrette à caisse qui se décharge par bascule sans dételer.

61. *Quelles sont les voitures à préférer pour le service d'une ferme?*

Les voitures légères à 1 cheval. 3 chevaux attelés séparément, transportent une charge plus considérable que 4 tirant tous le même lourd véhicule.

62. *Qu'est-ce que le semoir?*

Le semoir est un instrument d'un mécanisme compliqué, destiné à placer la semence en terre dans la proportion, la profondeur et l'ordre le plus convenable pour le succès de la récolte.

63. *Qu'appelle-t-on faucheuse et faneuse?*

On a donné le nom de faucheuse et de faneuse à des machines de nouvelle invention destinées à abattre et à faner avec économie et rapidité les prés naturels. La pénurie des ouvriers agricoles les rend très-précieuses dans les grandes fermes.

64. *Qu'est-ce que la machine à moissonner?*

Les machines à moissonner ont pour base une rangée de ciseaux ou de faucilles, mises en action par un mécanisme adapté à l'axe des roues. Ces ciseaux tranchent le chaume des céréales à mesure que l'instrument avance. Les meilleures abattent par jour de 5 à 8 hectares de froment.

65. *Quelle machine est employée pour le battage des céréales ?*

On emploie pour égrener les céréales, une machine mue par l'eau, les chevaux ou la vapeur. Elle se compose de deux petits rouleaux qui saisissent la javelle étalée et l'entraînent contre un gros cylindre animé d'une grande vitesse et armé de barres saillantes qui égrènent les épis. La paille est chassée en avant et le grain tombe dans un récipient inférieur.

66. *Qu'appelle-t-on tarare ?*

On nomme tarare un instrument qui sert à séparer le grain des balles et grenailles. Il se compose d'une boîte cylindrique, dans l'intérieur de laquelle un volant muni de quatre ailes, fait passer un courant d'air à travers le grain qui glisse de la trémie sur un grillage horizontal mis en mouvement de va-et-vient. Le bon grain traverse la grille et s'accumule sous la machine tandis que les balles, la poussière et les grains légers sont expulsés hors du tarare.

CHAPITRE IV.

—

Opérations manuelles de la culture.

—

SEMAILLES A LA MAIN, CULTURES A BRAS.

67. *Comment sème-t-on à la main ?*

Le semeur sème avec le vent, dirige sa marche par des jalons, s'avance à pas fermes et réguliers, saisit des poignées toujours égales, les projette à une distance uniforme et opère le croisement de la semence. Il doit pouvoir se servir des deux mains avec la même adresse.

68. *Quelle semence faut-il choisir ?*

La meilleure semence se distingue par les qualités suivantes : elle est parfaitement mûre, grosse, lourde, luisante, exempte d'odeur de moisi, nouvelle et pure, c'est-à-dire bien triée.

69. *Quand peut-on diminuer la semence ?*

On emploie moins de semence quand le sol est bien préparé et richement fumé, quand la semaille est précoce et la semence de bonne qualité, enfin quand la plante est bien adaptée au sol et au climat et quand elle succède à une récolte qui lui laisse une place favorable.

70. *Comment prévient-on la carie du blé?*

On fait dissoudre dans dix litres d'eau, 80 grammes de sulfate de cuivre, — ou bien 500 de sulfate de soude. On arrose un hectolitre de blé avec une portion suffisante de cette dissolution, et l'on brasse jusqu'à ce que les grains en soient complètement humectés. On ajoute ensuite 2 kilogrammes de chaux vive.

71. *Qu'est-ce que le pralinage des semences?*

Par le pralinage on fait adhérer aux semences un engrais qui active la végétation et favorise le premier développement des plantes. Après avoir mouillé le grain avec une dissolution de 500 grammes de colle forte, dans 20 litres d'eau, on le saupoudre avec des cendres, de la poudre d'os, de chair, de sang ou de chiffon de laine.

72. *Qu'est-ce que transplanter?*

La transplantation ou repiquage consiste à placer à demeure dans un champ bien préparé les jeunes plants sortis de pépinière. Le colza, le chou, la betterave, le tabac, etc., sont souvent traités de cette manière. Le plant à préférer doit être vigoureux, sain et de bonne grosseur. On coupe l'extrémité des feuilles et des racines. La transplantation s'effectue, à la charrue, à la houe à main, ou au plantoir, par un temps doux et frais.

73. *Qu'entend-on par cultures d'entretien ?*

On comprend sous le nom de cultures d'entretien les façons que reçoit le sol pendant la végétation des plantes. Ces cultures sont : 1° le sarclage ou la destruction des mauvaises herbes ; 2° le binage ou l'ameublissement superficiel du sol ; 3° l'éclaircissage ou la suppression des plants surabondants ; 4° le buttage ou ameublissement profond avec chaussage des plantes.

74. *Comment s'opère le binage ?*

On commence à biner dès que les mauvaises herbes apparaissent. La première façon est superficielle, et les dernières successivement plus profondes. Au second binage, on éclaircit, c'est-à-dire on détruit les plants trop serrés, et on donne à ceux qui restent un espace convenable pour leur complet développement. On cesse de biner dès que la récolte est assez vigoureuse pour étouffer les herbes parasites.

75. *Quels sont les ustensiles des cultures à bras ?*

Les labours à bras s'effectuent avec la pioche simple ou à pic, dans les terres en friche, compactes, embarrassées de racines et de pierres ; avec la bêche entière ou découpée dans les sols qui se laissent entamer profondément. Les demi-labours ou binages énergiques se font à la houe ; les binages ordinaires à la petite houe, ou à la binette.

76. *Pourquoi le battage au fléau tend-il à être remplacé par celui des machines à battre?*

Le battage des céréales au fléau est lent, dispendieux, pénible, et exige des ouvriers vigoureux. Il laisse beaucoup de grains dans les épis. Un bon batteur peut battre par jour 60 gerbes de blé ou de seigle et 90 d'avoine ou d'orge. Une machine à battre expédie dix à douze fois plus d'ouvrage et permet de disposer de suite, après la moisson, du produit des récoltes.

CHAPITRE V.

—

De la récolte.

77. *Qu'est-ce que la fenaison?*

La fenaison ou récolte des fourrages qui se conservent secs, comprend deux opérations : le fauchage et le fanage. On fauche quand la plupart des herbes sont en fleurs. Le meilleur fauchage est le plus uni et le plus rapproché de terre.

78. *Comment s'opère le fanage des prairies naturelles?*

On laisse l'herbe fauchée en longues bandes ou andains jusqu'à ce que la rosée soit dissipée. Alors on la secoue plusieurs fois, et lorsque vient le soir, on la réunit en petits tas qui sont ouverts le lendemain matin quand leur surface n'est plus humide. Dix à vingt de ces tas forment le soir du second jour un meulon où l'herbe achève de se sécher et jette son premier feu.

79. *Comment se traite le regain?*

Le regain est la deuxième coupe des prés ; il est souvent difficile à dessécher. On le mêle avec du vieux foin sec, de la paille d'avoine, et dans la meule on saupoudre les couches d'un peu de sel.

80. *Quelle est la meilleure dessication des prairies artificielles ?*

On n'éparpille jamais l'herbe du trèfle, du sainfoin et des autres légumineuses fourragères. On perdrait les feuilles qui sont la partie la plus savoureuse du fourrage. Quand l'andain est sec d'un côté, on le retourne avec soin ; on le met ensuite en rouleaux, puis en petits tas, puis en meulons. Le foin fané à demi eu en entier ne doit jamais rester exposé à la pluie ou à la rosée ; il perdrait sa saveur et sa couleur.

81. *Quels sont les avantages des meules ?*

Le foin se conserve mieux en meules que dans les greniers, et mieux tassé en masse que lié en bottes. L'emploi des meules procure une grande économie de frais de construction.

82. *Qu'est-ce que la moisson ?*

La moisson est la récolte des grains parvenus à leur maturité. Cette maturité s'annonce par le jaunissement et la sécheresse des tiges, l'inclinaison des épis ou des gousses et la fermeté du grain à l'intérieur (1).

83. *Quels sont les instruments manuels de la moisson ?*

Le travail manuel de la moisson s'opère à l'aide

(1) C'est en pleine maturité que les grains choisis pour semence doivent être récoltés. On coupe ceux qui sont destinés à la consommation de bonne heure, aux premiers indices de maturité.

de la faucille, de la sape et de la faulx. La faucille qui n'abat que 10 à 12 ares de blé par jour est le moins pénible de ces instruments et fait le meilleur ouvrage. La faulx en expédie cinq fois davantage, mais elle exige des bras habiles et robustes. La sape est un très-bon intrument intermédiaire.

84. *Comment se fait la dessication des céréales?*

Les javelles abattues demeurent trois ou quatre jours sur le sol ; le grain achève de mûrir ; les herbes mêlées se fanent. On réunit ensuite les javelles pour les lier en gerbes et les rentrer.

85. *Qu'appelle-t-on moyettes?*

C'est une petite meule circulaire composée de javelles disposées en lits successifs, les épis au centre. On la recouvre d'un chapeau formé d'une grosse gerbe renversée. La récolte se met en moyettes immédiatement, quand le temps est pluvieux. Le grain y complète sa maturité ; il y devient plus beau, plus lourd, plus coloré.

86. *Comment se conservent les gerbes ?*

On serre les gerbes en meule ou en grange. Avec les meules, nulles dépenses de bâtiment, préservation des rongeurs, meilleure conservation des récoltes humides. Avec les granges, rentrée plus rapide, abri plus sûr, moindre perte de grains.

87. *Comment se fait l'extraction des racines ?*

On arrache les racines quand elles ont atteint leur plus grand développement. A cette époque, leurs feuilles jaunissent et leurs tiges se fanent.

On les extrait par un temps sec, à l'aide de la pioche, de la fourche ou de la charrue. On ne les laisse à l'air que le temps de se ressuyer.

88. *Qu'appelle-t-on silos ?*

Les racines alimentaires se conservent dans les celliers ou dans les silos. On appelle silos une fosse carrée ou circulaire de 0^m 30^c environ de profondeur, et assainie par une rigole extérieure plus profonde. L'amas de racines s'élève en prisme ou en cône à un mètre environ au-dessus du niveau du sol, et il est recouvert d'une légère couche de paille, puis de 0^m 30^c à 0^m 40^c de terre extraite de la rigole.

89. *Comment se conserve le grain battu ?*

Le grenier propre à la conservation du grain doit être très-aéré, à l'abri de l'humidité, inaccessible aux rats et aux insectes. On étend d'abord le grain en couche de 0^m 15^c d'épaisseur. On le brasse à la pelle plusieurs fois par semaine. Quand il est bien sec, le tas peut s'élever jusqu'à 0^m 66^c (1).

(1) Pour combattre les insectes nuisibles, le pelletage est loin de suffire. On construit des greniers mécaniques, mis en mouvement par des engrenages, qui ventilent le blé et qui, par des chocs violents, tuent ou expulsent les insectes.

CHAPITRE VI.

—

Des engrais intérieurs.

90. *Qu'appelle-t-on engrais ?*

On appelle engrais les substances nécessaires à la nourriture des plantes. On les divise en quatre classes : les engrais végétaux, les engrais animaux, les engrais minéraux et les engrais mixtes, c'est-à-dire formés par le mélange des précédents. On distingue encore les engrais intérieurs ou créés dans la ferme, et les engrais extérieurs qu'on achète au dehors.

91. *Qu'est-ce que l'ammoniaque ?*

L'ammoniaque, que l'on peut appeler l'âme des engrais, est un corps volatil, à odeur piquante, composé de deux gazs, l'hydrogène et l'azote. L'azote dans ce composé est tout prêt à fertiliser le sol et à nourrir les végétaux.

92. *Comment fixe-t-on l'ammoniaque ?*

Deux substances ont la propriété de fixer l'ammoniaque, c'est-à-dire de l'empêcher de se perdre sans cesse dans l'air. Le sulfate de fer ou couperose verte, et le sulfate de chaux ou plâtre. On se sert aussi d'argile ordinaire, ou mieux brûlée, pour l'absorber.

93. *Qu'est-ce que le fumier de ferme?*

Le fumier de ferme est l'engrais qui provient des excréments du bétail de la ferme mêlés avec les litières. Il comprend toutes les substances minérales, végétales et animales nécessaires à l'alimentation des végétaux. Le fumier est donc l'engrais par excellence.

94. *Quel est le meilleur fumier?*

Le meilleur fumier est celui qui provient d'animaux bien portants, nourris abondamment, avec des fourrages substantiels, et recevant une litière suffisante.

95. *Quelles sont les propriétés du fumier d'écurie?*

Le fumier de cheval est le plus chaud de tous, le plus prompt à fermenter, à se décomposer; il convient aux terres froides et compactes. Les fumiers d'âne et de mulet sont analogues, mais un peu moins riches.

96. *Quelles sont les propriétés du fumier de bergerie?*

Le fumier de mouton et de chèvre, presqu'aussi chaud que celui de cheval, plus énergique, mais plus sujet au blanc, convient aux mêmes terres.

97. *Quelles sont les propriétés du fumier d'étable?*

Le fumier d'étable est plus aqueux, moins riche, moins actif, mais plus durable que celui du cheval. Il s'applique aux terres légères et chaudes.

2.

98. *Quelles sont les propriétés du fumier de porcherie ?*

Le fumier de porc est assez froid et généralement de bonne qualité. On le mêle aux autres fumiers; on l'applique seul aux arbres à fruits, aux prairies.

99. *Quel est l'avantage de mélanger les divers fumiers ?*

On obtient par ce mélange un fumier mixte qui participe des qualités de chacun des fumiers employés, et dont l'action est régulière et uniforme. Ce fumier mixte est appelé fumier normal.

100. *Quel doit être l'emplacement du fumier ?*

Le fumier doit se placer à proximité des étables, sur une aire ou plate-forme pavée ou enduite d'une couche d'argile, et entourée d'une rigole qui amène le purin dans un réservoir couvert ou une citerne. On donne à cette aire une étendue suffisante pour stratifier le fumier de deux ou trois mois ; c'est ordinairement 2 à 3 mètres carrés par tête de gros bétail.

101. *Quelle manipulation demande le tas de fumier ?*

On transporte le fumier à l'aide d'une civière ou d'une brouette et on l'étale sur l'aire avec beaucoup de soin. On le tasse fortement pour empêcher les vides où se forme la moisissure, et on dresse les bords en forme de murs. Pour régulariser la fermentation, on arrose souvent avec le purin. La hauteur du tas ne doit pas excéder 1^m 50 à 2^m.

102. *Qu'appelle-t-on fosse à fumier ?*

La fosse à fumier est un enfoncement circulaire ou carré dans lequel on accumule le fumier. Cette méthode l'expose à être noyé par les eaux de la cour, entrave la fermentation et rend le chargement difficile.

103. *Quand faut-il employer le fumier ?*

Le fumier doit s'employer environ deux mois après qu'il a été dressé en tas. Il se trouve alors dans un état moyen de décomposition qui est le plus convenable pour la plupart des plantes. Un plus long séjour sur l'aire a d'ailleurs le grave inconvénient d'en diminuer la masse et la richesse.

104. *Quelle est la dose annuelle de fumier à appliquer par hectare ?*

Il faut au moins 10,000 kilogrammes de fumier par hectare, chaque année, pour obtenir de bonnes récoltes. Quand on ne fume que tous les quatre ans, on met à la première récolte quatre fois cette quantité. — 100 kilog. de fumier normal produisent en moyenne, dans les très-bonnes terres, 15 kilog. de froment et 100 kilog. de racines ; — dans les bonnes terres 10 kilog. de froment et 70 de racines ; — dans les mauvaises à peine 5 de froment et 35 de racines.

105. *Qu'est-ce que le purin ?*

Le purin est l'eau qui suinte du fumier tassé. C'est la partie la plus riche, la plus productive de l'engrais. On ne saurait donc la recueillir avec trop de soin. Pour l'employer, on la coupe avec un volume d'eau égal au sien et on en arrose les prairies et les blés languissants. Les urines (1) s'appliquent de la même manière après un mois de fermentation. Quelquefois on transforme le purin en terreau, en le faisant absorber par des terres fines ou de la tourbe sèche.

106. *Qu'est-ce que la colombine?*

La colombine ou fiente de pigeon est un engrais très-énergique, vingt fois plus puissant que le fumier. Les déjections des autres oiseaux de basse-cour sont analogues, mais un peu moins riches. On y ajoute une petite quantité de plâtre et on les répand en poudre sur des récoltes faibles ou maladives.

107. *Comment se prépare l'engrais flamand?*

On jette dans de vastes citernes des matières fécales ou excréments humains, en ajoutant trois ou quatre fois leur volume d'eau. On y délaie des tourteaux de colza, et après quelques mois de fermentation, on en arrose les prés et les champs, à raison de 40 à 50 mètres cubes par hectare.

108. *Qu'est-ce que la poudrette?*

La poudrette se prépare en faisant sécher à l'air les excréments humains et en les réduisant en une poudre qui est sept à huit fois plus active que le

____

(1) Un kilogramme d'urine humaine peut produire un kilogramme de froment.

fumier. On l'applique sur les céréales et sur les plantes industrielles.

109. *Comment se désinfectent les fosses d'aisance?*

On jette dans les fosses, par chaque hectolitre de matières fécales, 2 kilog. et demi de sulfate de fer, ou 3 kilog. de plâtre, ou 4 kilog. de poussière de charbon. Si l'on veut convertir ces matières en terreau, on jette dans la fosse des poussières de tourbe, de chaux, des cendres, des terres légères, poreuses, jusqu'à ce que tout le liquide soit absorbé.

110. *Qu'appelle-t-on compost?*

On désigne sous le nom de compost un mélange artificiel de terres, d'amendements et d'engrais. On dispose par couches alternatives des débris végétaux et animaux, des cendres, des plâtras, des boues, etc. On arrose de sang ou de purin et on brasse à plusieurs reprises. La chaux ne s'emploie dans le mélange que quand il n'y entre ni fumier, ni engrais animal. Les composts s'appliquent ordinairement aux prairies et aux arbres fruitiers.

111. *Qu'est-ce que le parcage?*

Le parcage est l'engraissement que procure à un champ le séjour des moutons au parc. En faisant occuper à chaque bête environ $0^m 80^c$ carrés par jour, on obtient, par les urines et les excréments du troupeau, une fumure très-active, mais peu durable, qui équivaut par hectare à 3 ou 4,000 kilog. de fumier de ferme.

Le parcage économise la litière et les frais de transport de fumier. Il est surtout applicable aux terres légères et éloignées.

112. *Qu'appelle-t-on engrais vert?* (1)

On emploie sous le nom d'engrais vert certaiñes plantes peu exigeantes, à végétation rapide, à feuillage épais, que l'on cultive exprès pour les enfouir quand elles sont en pleine fleur. Les plus usitées sont le sarrazin, la féverolle, la spergule, la navette, le lupin, les deuxièmes coupes de trèfle.

113. *Quel est l'emploi comme engrais des résidus des usines agricoles?*

Les principaux résidus fertilisants sont :

1° Les tourteaux ou pains d'huile. On répand à la volée ou en lignes, avec la semence, environ 800 kilogrammes par hectare ;

2° Les marcs de raisin. On emploie de 2,000 à 6,000 kilogr. par hectare ;

3° Les marcs de pomme. On mêle un hectolitre et demi de terre, un hectolitre et demi de marcs et un hectolitre de chaux ; on brasse plusieurs fois. Le compost, mûr au bout d'une année, est excellent pour les arbres et les prairies.

_____

(1) Dans l'Ouest et le Nord-Ouest de la France on recueille sur les bords de la mer des herbes marines (varechs, algues, etc.), qui constituent un engrais vert dont le pouvoir fertilisant est supérieur à celui du fumier de ferme.

CHAPITRE VII.

—

Engrais extérieurs animaux et minéraux.

—

§ 1er. ENGRAIS ANIMAUX.

114. *Qu'est-ce que le guano ?*

On exploite, sous le nom de guano, sur les côtes du Pérou, et dans quelques îles de l'Afrique , des dépôts de déjections sèches d'oiseaux de mer, accumulés depuis des siècles. Cet engrais pulvérulent , très-recherché pour les prairies et les céréales, est environ trente fois plus puissant , à poids égal, que le fumier de ferme.

115. *Comment s'emploie le sang ?*

Le sang des bestiaux abattus s'emploie à l'état liquide ou à l'état pulvérulent. Dans le premier cas, il est environ huit fois plus riche que le fumier de ferme. — Il est quelquefois coagulé et desséché à la vapeur, puis réduit en poudre ; le plus souvent on le mêle avec des terres charbonneuses.

116. *Quel engrais fournit la chair musculaire ?*

La chair des animaux morts se découpe en morceaux, se cuit et se sèche à l'air ; elle est alors aussi riche que le guano ; — ou bien on la stratifie avec de la tourbe, des cendres, du plâtre, on l'arrose d'eau de chaux et on l'emploie quatre à cinq mois après.

117. *Quel est l'usage des os broyés ?*

La poudre d'os convient surtout aux terrains siliceux. Elle se répand, à raison de 5 à 600 kilogr. par hectare, sur les récoltes de navets et surtout sur les vieux pâturages. — Les os calcinés, qui portent le nom de noir animal, et ont servi à clarifier les sucres, s'appliquent avec plus de succès aux mêmes sols, et leur action sur les céréales et les crucifères est généralement remarquable.

118. *Comment s'utilisent les chiffons de laine et les poils ?*

On réduit les chiffons de laine en charpie ou bien en poudre après une demi-torréfaction. Cet engrais est très-puissant ; il contient quarante fois plus d'azote que le fumier de ferme.

Tous les débris d'animaux, les crins, les poils, etc., doivent être recueillis avec grand soin, car ils ont à peu près la même valeur que les chiffons de laine.

§ II. ENGRAIS MINÉRAUX.

119. *Qu'appelle-t-on engrais minéraux ?*

On appelle minéraux ou inorganiques les engrais qui n'ont pas la faculté de fermenter, de se putréfier et de se consumer par l'action du feu. La base de ces engrais est la chaux, la potasse, le soufre ou le phosphore.

120. *La chaux peut-elle dispenser de l'emploi du fumier?*

La chaux forme des sels utiles au sol ; elle change en humus actif les débris végétaux inertes, mais, au lieu de produire des matières organiques, elle hâte la consommation de celles que contient le sol. Aussi, l'épuiserait-elle bientôt, si chaque chaulage n'était suivi ou précédé d'une fumure.

121. *Qu'est-ce que la tangue et le falun?*

La tangue est un sable marin, gris ou jaunâtre, limoneux, mêlé de coquilles et de plantes marines, et qui se recueille dans les régions du Nord-Ouest. On l'emploie à raison de 10^m cubes à l'hectare, pour quatre ans, sur les sols qui ont besoin de calcaire.

Le falun et le merl, autres sables marins coquilliers, s'emploient à peu près à même dose et dans les mêmes circonstances que la tangue.

122. *Quelle est l'utilité du plâtre?*

Le plâtre est un engrais minéral composé de chaux et de soufre. Il s'applique, réduit en poudre fine et à raison de 200 kilogr. par hectare, sur les fourrages légumineux, dont il double souvent la récolte. On s'en sert en outre avec succès sur le chou, le lin et le colza.

123. *Comment s'emploient les cendres pyriteuses ?*

Les cendres pyriteuses ou cendres noires, qui

contiennent du fer et du soufre, produisent les mêmes effets que le plâtre sur les légumineuses et les crucifères, et sont de plus un excellent engrais minéral pour les céréales et les prairies naturelles. On emploie 350 kilogr. par hectare.

124. *Quel est l'usage des cendres?*

Les cendres de bois pures communiquent une remarquable vigueur aux herbages, dont elles détruisent la mousse et les mauvaises herbes, aux céréales, aux grains légumineux, aux pommes de terre, etc. On applique environ 20 hectolitres à l'hectare pour cinq ans.

La charrée ou cendre lessivée, moins active que la cendre pure, s'emploie à raison de 25 à 30 hectolitres à l'hectare.

Les cendres de tourbe et de houille s'administrent aux mêmes récoltes en proportion double.

125. *Qu'est-ce que la suie?*

La suie est un engrais très-actif, à petite dose, et qui s'emploie sur toutes les récoltes. Il préserve le colza et la betterave des insectes nuisibles, et détruit, dans les prairies, les plantes parasites. 250 kilogr. suffisent par hectare.

PREMIÈRES CONNAISSANCES
EN AGRICULTURE.

DEUXIÈME PARTIE.

—

Culture spéciale des plantes.

—

CHAPITRE VIII.

—

Des céréales.

126. *Comment classe-t-on les plantes agricoles ?*
On peut ranger les plantes du domaine de l'agriculture en deux divisions générales : les plantes
alimentaires et les plantes *industrielles*.

La première division comprend quatre classes : 1° les céréales ; 2° les légumes farineux ; 3° les herbes fourragères, et 4° les racines alimentaires. La deuxième division comprend également quatre classes : 1° les oléifères ; 2° les textiles ; 3° les tinctoriales ; 4° les plantes diverses.

127. *Quels sont les avantages des céréales ?*

Les céréales sont les plantes les plus précieuses de la culture ; leurs grains forment la base de la nourriture de l'homme ; elles fournissent le pain, son aliment de prédilection. Leur paille sert de nourriture et de litière aux animaux. On l'emploie en outre à couvrir les meules, à fabriquer des paillassons, des chapeaux, etc.

128. *Quelles sont les principales espèces de blé ?*

On distingue deux espèces de blés cultivés : 1° les froments dont la balle est libre et se détache par le battage ; 2° les épeautres dont la balle reste adhérente au grain. Ces derniers donnent une farine excellente, prospèrent sur des terrains pauvres, mais produisent peu, et sont difficiles à moudre.

129. *Quelles sont les variétés des froments ?*

On rapporte ordinairement aux trois classes suivantes les variétés de froments cultivées : 1° Les *Touzelles* : tige creuse, épi moyen, carré, barbu ou non, incliné, grains petits, cassure farineuse. Les meilleures variétés sont : le blé de Flandre, la richelle de Naples, le blé de Saumur, le rouge d'hiver, le lammas, le blé de mars barbu. 2° Les *péta-*

nielles ou *poulards* : tige pleine de moelle, forte, épi très-gros, très-barbu, pendant, grain gros, arrondi, cassure farineuse. Les variétés les plus estimées sont : blé géant de Sainte-Hélène, poulard rouge, P. blanc, P. bleu, pétanielle noire.

3º Les *durelles* : tige ferme, épi dressé, grain long, cassure dure, cornée. Ce sont les blés des pays chauds avec lesquels on fait les pâtes dites d'Italie. Le blé barbu de Sicile, et le blé de Tangarok sont les deux variétés les plus recommandables.

130. *Quel terrain préfère le blé d'hiver?*

Il faut choisir pour le blé un terrain consistant et frais, sain et riche. On l'ameublit par deux ou trois labours ; le dernier se donne quinze jours avant la semaille. Le blé réussit bien après la jachère, les trèfles, la fève, le colza, le tabac; assez bien, après les racines précoces ; mal après lui-même.

131. *Comment s'effectue la semaille du blé?*

On sème le blé du 15 septembre au 15 novembre. On emploie environ par hectare, 200 litres de belle semence chaulée. Si on sème en lignes, 150 litres suffisent. Si on sème tard, ou après un défrichement, on emploie 250 litres. La semence s'enterre généralement par deux hersages croisés; mais dans les terres sans fond et sans consistance, on l'enfouit à la charrue.

132. *Quels soins d'entretien exige le blé?*

Si pendant l'hiver, le blé est languissant, on l'arrose de purin, on le ranime par des engrais pulvérulents. Au printemps les terres compactes se hersent pour favoriser le tallage ; les terres calcaires soulevées se raffermissent par le rouleau. On esseigle, on échardonne, on enlève assidûment la nielle.

133. *Comment se récolte le blé d'hiver, et quel est son rendement ?*

Il y a un grand avantage à moissonner le blé un peu avant sa maturité, et à le mettre de suite en moyettes.

Les terres bien cultivées donnent par hectare 20 à 30 hectolitres. L'hectolitre pèse de 75 à 80 kilogrammes. Le produit de la paille est en moyenne de 100 kilogrammes par 30 ou 40 kilogrammes de grain.

134. *Quelle est la culture du blé de printemps ?*

Le blé de printemps se sème en mars et avril à raison de 250 litres par hectare, dans un sol meuble, riche, frais et chaud. Il réussit très-bien après les racines tardives. Le produit de la paille et du grain est un peu inférieur en quantité et en qualité à celui du blé d'automne.

135. *Quelle est la culture du seigle d'hiver ?*

Le seigle d'hiver se sème en septembre, dans une terre légère, calcaire ou siliceuse, mais saine et bien ameublie. Il réussit après la jachère, les trèfles, les friches, et après lui-même. 200 litres de semence suffisent par hectare. Il exige peu d'entretien, mais il est parfois infesté d'ivraie enivrante. Il est prudent de le couper avant sa maturité et de la lui faire achever en moyette.

136. *Quel est le rendement du seigle?*

Le rendement du seigle par hectare est de 20 à 25 hectolitres. L'hectolitre, qui correspond à 175 ou 180 kilogrammes de paille, pèse 75 kilogrammes en moyenne. La farine de seigle est riche en fécule, pauvre en gluten. Le pain est collant, lourd, mais très-nourrissant. La paille, médiocre pour fourrage, est excellente pour liens, chaises, toiture, etc. — On connaît un seigle de *printemps* assez peu productif, et un seigle dit *multicaule*, qui se sème en juin et qui est surtout propre à être consommé comme fourrage vert.

137. *Comment se cultive l'orge?*

Deux variétés d'orge sont principalement cultivées : l'orge distique ou pamelle à deux rangs, et l'orge à six rangs ou escourgeon. La première se sème en avril ou mai à raison de 300 litres ; l'autre en automne, à raison de 250. L'orge demande un terrain léger, chaud, très-net, frais et riche. Elle prospère après les récoltes sarclées ; elle mûrit en trois ou quatre mois.

138. *Quel est le rendement et quel est l'emploi de l'orge?*

Le rendement de l'orge est de 35 à 40 hectolitres par hectare. L'hectolitre de pamelle pèse 50 kilogrammes, celui d'escourgeon 65. A 100 kilogrammes de grain correspondent 170 à 180 kilogrammes de paille. Le grain s'emploie en gruau ou en farine; il donne un pain sec mais nourrissant. L'orge sert encore à la préparation de la bière et à l'engraissement des animaux. La paille est nutritive et forme une excellente litière.

139. *Quelle est la culture de l'avoine?*

L'avoine, qui vient dans tous les terrains et après toutes les récoltes, ne donne de hauts produits que quand elle est bien traitée. On sème dès février 300 litres par hectare. Après la levée, on roule dans les terres légères, on herse dans les terres fortes. La sanve ou moutarde noire lui est souvent très-nuisible. On fauche l'avoine de bonne heure dès qu'elle jaunit; elle achève de mûrir en javelles.

140. *Quel est le rendement de l'avoine?*

On obtient dans les bons sols 40 hectolitres d'avoine à l'hectare, et dans les défrichements jusqu'à 50. L'hectolitre pèse en moyenne 48 kilogrammes et répond à 70 kilogrammes de paille. Le grain d'avoine est excellent pour la nourriture des chevaux; la paille est très-estimée pour le gros bétail. On connaît des variétés d'avoine d'hiver : elles sont plus productives que celles de printemps, mais les gelées les détruisent quelquefois.

141. *Quels sont les avantages des méteils?*

Les mélanges de blé et de seigle produisent dans certaines terres, de moyenne qualité, des récoltes plus sûres et plus fortes que celles que l'on obtiendrait de ces céréales semées isolément. On mêle les grains soit par parties égales (1), soit en élevant la proportion du froment (2), soit en la diminuant (3), si le sol est inconsistant et maigre. La moisson s'opère dès que le seigle est mûr. Le rendement est de 15 à 20 hectolitres. Le mélange d'orge et d'avoine se nomme orgis.

142. *Comment se cultive le sarrazin ?*

Le sarrazin ou blé noir demande un climat doux et régulier, un terrain propre, sain et léger. Il exige peu d'engrais, peu de soins, croît en trois mois et laisse le sol en bon état. On sème de mai en juin 80 litres par hectare. Au moment de la floraison, les vents violents, les orages lui causent beaucoup de dommage. On fauche dès que les trois quarts des grains sont devenus noirs. La récolte varie beaucoup : depuis 15 jusqu'à 45 hectolitres, suivant la faveur de la saison. Le grain se consomme en Bretagne sous forme de galette. Il est plus nutritif que l'avoine pour le bétail. La paille, très-bonne pour litière, constitue seule un mauvais fourrage.

143. *Comment les millets sont-ils cultivés ?*

On connaît deux espèces de millet : le *millet paniculé* (ou des oiseaux), renommé par son grain,

(1) Méteil proprement dit.
(2) Petit méteil ou blé ramé.
(3) Gros méteil : 3/4 de seigle.

et le *millet à grappe* (ou d'Italie), cultivé surtout comme fourrage. Ils demandent un climat chaud, une terre légère, saine et bien nette. On sème fin d'avril, en ligne, 30 à 35 litres par hectare. Le produit moyen par hectare est de 30 hectolitres de grain non mondé.

144. *Comment s'effectue la semaille du maïs?*

Le maïs, qui ne mûrit bien que dans un climat chaud, a produit par la culture un grand nombre de variétés, les unes, à tige basse et à végétation rapide, les autres, à haute tige et à végétation tardive. Il s'accommode de tous les terrains, pourvu qu'ils soient sains, meubles et bien fumés. On sème en lignes à la fin d'avril, 70 litres par hectare. En effectuant le deuxième binage, on ne laisse subsister pour les grandes espèces qu'un plant par $0^m 50^c$ carrés, et pour les petites par $0^m 30^c$. Il est bon de butter légèrement lorsque les tiges ont atteint $0^m 32^c$ de hauteur, de supprimer les cimes après la fécondation, les pousses latérales et les épis surabondants. Quand les tuniques sont devenues blanches, on coupe les épis que l'on fait sécher avec soin sous des auvents ou des hangars.

145. *Quel est le rendement et quels sont les usages du maïs?*

On obtient par hectare de 40 à 60 hectolitres de grains. L'hectolitre pèse de 70 à 75 kilogr. Réduit en farine, le maïs, sous forme de bouillie est pour l'homme un très-bon aliment. Il s'emploie en grande quantité pour l'engraissement des animaux et de la volaille. Les tuniques servent à remplir les paillasses ; les tiges à faire de la litière.

Parmi les variétés de maïs, les unes (maïs quarantain, etc.,) mûrissent en trois mois, les autres (maïs de Virginie, etc.,) en cinq.

146. *Quel intérêt présente le sorgho ?*

Le sorgho à balais se plaît dans les mêmes sols et dans le même climat où réussit le maïs. On sème en mai 15 litres en lignes espacées de 70 à 80 centimètres. Ses produits sont des graines recherchées pour la volaille, des panicules dont on fait d'excellents balais, et des tiges qui servent de combustible et de litière.

147. *Comment se cultive le riz ?*

Le riz est la plus riche des céréales en amidon, mais la plus pauvre en substances grasses et azotées. C'est un aliment sain et d'une conservation très-facile. Il demande un climat chaud et des terrains qui peuvent être inondés à volonté. On divise le sol en compartiments et on sème dans la vase, vers la mi-avril, deux hectolitres à l'hectare. Les plantes aquatiques nuisibles sont détruites dès qu'elles apparaissent. On change l'eau plusieurs fois et on l'évacue entièrement au moment de la maturité. Le riz se faucille à moitié paille. Il produit en moyenne 20 hectolitres de grains mondés par hectare. Les rizières deviennent trop souvent des foyers d'infection à l'époque des chaleurs.

CHAPITRE IX.

—

Légumes farineux.

148. *Quelles sont les qualités générales des légumes farineux ?*

Les légumes farineux sont par leurs grains la ressource alimentaire la plus importante après les céréales ; leur farine est très-nutritive, mais impropre à la panification ; leurs fanes et leurs cosses sont très-aimées du bétail. Ces plantes croissent vite et épuisent peu le sol.

149. *Comment se cultive la fève ?*

La fève qui demande le même sol que le froment, peut prospérer dans les sols les plus compactes. De profonds labours lui sont nécessaires. On sème à la volée, vers la fin de février, 200 litres par hectare. Si l'on préfère semer en lignes à chaque raie de charrue, 150 litres suffisent. Les façons d'entretien consistent en hersages vigoureux avant et après la levée, en deux binages au moins et en un léger buttage.

150. *Comment se récoltent les fèves ?*

On coupe les fèves à la faucille, quand les gousses noircissent. On obtient en grain 25 hectolitres par

hectare et 2,500 kilogrammes de fanes sèches.
L'hectolitre pèse 80 à 85 kilogrammes. La grosse
fève est consommée par l'homme ; la féverolle est
appliquée plus spécialement à la nourriture des
chevaux et des bêtes à l'engrais.

151. *Comment se cultive le pois ?*

Le pois se sème de bonne heure en mars, à la
volée, à raison de deux hectolitres à l'hectare, dans
une terre légère, saine, riche et bien préparée. On
herse à la levée. Quand les gousses inférieures
sont mûres, on fauche et on sèche avec soin la récolte, très-sujette à s'égrainer. L'hectare produit
en moyenne 18 hectolitres de grains ; l'hectolitre pèse
environ 82 kilogrammes. Le pois cultivé est un aliment excellent pour l'homme. Sa paille constitue
un fourrage précieux.

152. *Quelle est la culture de la lentille ?*

La lentille, dont le grain est un aliment très-
délicat pour l'homme, et la paille un fourrage très-
substantiel pour le bétail, réussit dans tous les
terrains secs et calcaires. On sème à la volée ou en
touffes 1 hectolitre par hectare. Le rendement est
peu considérable : 8 à 12 hectolitres. Il s'élève
quand on associe la lentille au seigle ou à l'avoine.

153. *Quelle est la culture des haricots ?*

On ne cultive généralement en plein champ que
les haricots nains. Le sol dont on fait choix doit
être sain, chaud, fertile et peu consistant. On sème
150 litres en mai avec une charrue légère. Les

grains sont déposés chaque deuxième raie, en lignes ou en touffes à 4 ou 5 centimètres de profondeur. Deux binages sont nécessaires. La récolte mûre, on arrache à la main et on lie en petites bottes. Le rendement est de 20 à 25 hectolitres. Les espèces grimpantes se sèment à la main en poquets au centre desquels on plante les rames dès la semaille.

154. Quels sont les mélanges les plus ordinaires de grains farineux et de céréales ?

On cultive souvent en mélange, les pois et les fèves, le maïs et le haricot ; les lentilles d'été et les avoines ; les lentilles d'hiver et les seigles ; l'escourgeon et la fève d'hiver ; l'avoine et la fève de printemps.

CHAPITRE X.

—

Des racines alimentaires.

155. *Quels sont les avantages généraux de la culture des racines ?*

Les racines alimentaires sont, après les céréales et les grains farineux, de puissants auxiliaires pour l'alimentation de l'homme et surtout pour celle du bétail. Elles procurent à tous les animaux de la ferme une nourriture fraîche, très-aimée et très-salubre, pendant l'hiver, et augmentent la masse des engrais. Par les binages soignés qu'exige leur culture, elles sont une excellente préparation pour les récoltes qui les suivent.

156. *Quelles sont les principales variétés de pommes de terre ?*

On peut ranger les principales variétés de pommes de terre en trois classes :

1° *Patraques :* Forme arrondie, yeux nombreux et apparents. Variétés spécialement destinées au bétail, aux industries et cultivées en grand.

2° *Parmentières* ou cornichons : forme cylindrique, allongée, aplatie, yeux peu nombreux, peu apparents. Variétés très-délicates réservées pour la nourriture de l'homme.

3° *Vitelottes* : Forme cylindrique, allongée, yeux très-nombreux, très-apparents et très-profonds. Variétés estimées pour l'approvisionnement des ménages.

157. *Comment se cultive la pomme de terre ?*

La pomme de terre s'accommode de tout sol profond, meuble et en bon état de fertilité ; elle ne redoute que les terrains compactes et humides. On plante à la charrue, à chaque deuxième sillon, en avril ou en mai, des tubercules entiers, petits, mais bien choisis ; les gros sont coupés en deux morceaux. 18 à 20 hectolitres suffisent par hectare. On place les tubercules à 35 centim. l'un de l'autre, et sur chaque plant on dépose une poignée d'un engrais composé de un tiers colombine, un tiers cendre, un tiers terreau. Dès que les plants sont levés, on herse en long et en travers. Les autres façons consistent à biner à la houe à cheval et à butter un peu avant la fleur.

158. *Quels sont les produits de la pomme de terre ?*

Le flétrissement des fanes de la pomme de terre annonce l'époque de l'arrachage. Il s'effectue, par un temps sec, à la pioche, au trident, à la charrue, ou au buttoir. Avant de rentrer les tubercules, il est bon de les laisser quelques heures à l'air pour les ressuyer. On serre la récolte dans des celliers ou en silos. Le rendement par hectare s'élève à 250 hectolitres. Les variétés précoces sont moins que les autres attaquées par la maladie qui cause de si grands dommages dans les années pluvieuses et qui a résisté jusqu'à ce jour à tous les moyens de guérison.

159. *Quelle est la culture du topinambour ?*

Les racines tuberculeuses du topinambour ne gèlent jamais; les tiges sont un excellent fourrage et une très-bonne litière. Cette plante exige les mêmes terrains, les mêmes cultures, la même quantité de plants par hectare que la pomme de terre. Elle est beaucoup plus rustique et ses tubercules sont tout aussi nourrissants.

160. *Quel est le rendement du topinambour ?*

Le produit du topinambour est par hectare de 25 à 30 mille kilogrammes de racines, et 7 à 8 mille kilogrammes de fanes. On arrache les tubercules au fur et à mesure des besoins, de novembre en mars suivant. Les tubercules oubliés suffisent pour repeupler le champ pendant plusieurs années. Il importe de renouveler annuellement la fumure. Traité avec négligence, le topinambour ne donne aucun profit.

161. *Quelles sont les variétés de betteraves cultivées ?*

Les principales variétés de betteraves sont 1° la *disette*, à racine saillante, cylindrique, très-volumineuse, la plus employée pour servir de nourriture fraîche aux bestiaux; 2° les *globes jaune* et *rouge*, à racine en forme de bombe, à demi-enfoncée dans le sol, riche en sucre; 3° la *betterave de Silésie*, ou à *collet vert*, à racine petite, s'enfonçant très-avant dans le sol, très-sucrée.

162. *Comment se cultive la betterave ?*

La betterave demande un terrain profond, sain, frais, calcaire, peu compacte. On sème en avril 5 kilogrammes par hectare. La distance entre les lignes est de 0^m 40^c, 0^m 50^c et 0^m 60^c, suivant les variétés. On donne trois binages, le premier, de très-bonne heure, et dans le second, on achève d'éclaircir, et on établit les plants à une distance de 0^m 30^c à 0^m 40^c l'un de l'autre. On peut aussi semer en pépinière dès mars et repiquer en juin.

163. *Comment s'effectue la récolte de la betterave ?*

On récolte la betterave en octobre ou novembre, par un temps sec, à la bêche ou à la charrue. Les racines arrachées, on les décollète, et après quelques heures d'exposition à l'air, on les emmagasine dans des silos ou des celliers. On obtient par hectare 35 à 40,000 kilogrammes environ. Le poids des feuilles est environ le quart de celui des racines. L'hectolitre de racines pèse 60 kilogrammes. Les feuilles peuvent être consommées par le bétail, ou mieux enfouies comme engrais.

164. *Comment cultive-t-on la carotte ?*

La carotte est la racine la plus aimée du bétail auquel elle donne à la fois de la vigueur et de l'embonpoint. La variété *blanche à collet vert* est très productive: la *rouge pâle* est plus nutritive.

Un terrain profond, léger, frais, complètement ameubli, une riche fumure, des sarclages fréquents et délicats, sont les meilleures conditions pour le succès de cette plante. On sème en lignes, à 0,30 ou 0,40 cent. de distance. 4 kilogrammes de graines suffisent par hectare. La distance moyenne des plants dans la ligne doit être de 0^m 15.

165. *Quel est le rendement de la carotte ? Qu'est-ce que le panais ?*

La récolte de la carotte se fait à la fin d'octobre, à la fourche. On la conserve en silos ; le produit par hectare est de 6 à 800 hectolitres. L'hectolitre pèse 50 à 60 kilogrammes. Les feuilles dont le poids est le tiers environ de celui des racines fournissent un aliment plus sain et plus riche que les feuilles de betteraves

On sème quelquefois la carotte dans une céréale de printemps, dans le lin, la caméline. Ce n'est qu'après la moisson qu'elle se développe rapidement. Elle reçoit alors un hersage, puis on lui donne à la main, les binages nécessaires.

Le panais long est plus nutritif que la carotte, il demande le même sol et les mêmes soins et donne le même produit. On sème, en lignes de 0,40 à 0,50 de distance, 3 à 5 kilogrammes de graines.

166. *Comment se traitent les carottes et les betteraves porte-graines ?*

On choisit pour porte-graines les racines de moyenne grosseur, non fourchues, de belle forme et à peau nette ; on les préserve pendant l'hiver de toute altération et on les plante au printemps dans un sol riche, à un mètre en tout sens. Le sol doit être tenu très-meuble et très-propre. Les tiges mûrissent soutenues par des tuteurs et étalées à l'aide de cerceaux. On les lie en petites bottes et on les conserve jusqu'au battage dans un lieu sec et bien aéré.

167. *Comment se cultivent les navets ?*

Les navets sont très-estimés pour l'engraissement du bétail et la production du lait. Ils demandent un climat humide, un sol léger, frais, meuble et bien fumé. On sème en juin, à la volée ou en lignes 3 ou 4 kilogrammes de graines par hectare. L'ensemencement sur ados garnis de fumier à l'intérieur est très-usité en Angleterre. Il faut éclaircir et biner avec soin. La récolte commence en octobre et peut durer tout l'hiver. — On sème souvent les navets en récolte dérobée après la moisson des céréales.

168. *Quelle est la culture du rutabaga ?*

Le rutabaga se plaît dans les sols riches, argileux, et dans les climats humides. Il se sème en pépinière dès février, et se repique à la charrue quand le plant a 2 centimètres de diamètre. La distance moyenne entre les plants est de 50 centim., et l'intervalle des lignes de 80 centim. On bine et on butte avec soin. La récolte se fait pendant tout l'hiver. Le produit peut s'élever jusqu'à 45,000 kilogrammes. On conserve ces racines dans un lieu sec et aéré en couches peu épaisses.

CHAPITRE XI.

—

Plantes fourragères.

169. *Quels sont les avantages généraux des plantes fourragères ?*

Les plantes fourragères permettent d'augmenter le nombre des bestiaux, procurent d'abondants engrais, améliorent directement le sol par leurs racines et leurs débris, se nourrissent principalement aux dépens de l'atmosphère, favorisent la suppression de la jachère et sont enfin un excellent précédent pour toutes les récoltes.

170. *Comment se cultive la luzerne ?*

La luzerne demande un sol de consistance moyenne, sain, frais, calcaire, très-profond, bien ameubli, bien pourvu d'engrais et très-net. On sème, en avril dans l'orge, ou en mai dans le sarrasin, 20 kilog. par hectare. Le semis a lieu quelquefois à l'automne. La luzerne, cette reine des plantes fourragères, dure de 5 à 8 ans. Chaque année, au printemps, on herse vigoureusement et on répand du plâtre et des engrais liquides ou pulvérulents.

171. *Comment s'opère la récolte de la luzerne ?*

On fauche au commencement de la floraison la

luzerne qui doit être fanée. En ajoutant les trois coupes qu'elle donne dans les climats du nord , on obtient environ 7,000 kilogr. de foin sec par hectare. — On emploie fréquemment la luzerne à l'état vert , comme base de la nourriture à l'étable, en usant de précaution pour prévenir la météorisation du bétail.

172. *Comment se cultive le sainfoin ?*

Le sainfoin est le fourrage par excellence des terrains pauvres et calcaires qui ont un sous-sol perméable et sain.

On sème dans une céréale d'hiver ou de printemps 6 à 8 hectolitres par hectare. Plus le sol est remué à fond et fumé , plus la végétation est vigoureuse. Le plâtre , les cendres ordinaires ou les pyriteuses sont les amendements qu'il préfère. — Dans les sols propres à la fois au sainfoin et à la luzerne, on emploie le mélange suivant : 4 hectolitres de sainfoin et 10 kilogrammes de luzerne ; on ajoute souvent 5 kilogrammes de trèfle et 5 de lupuline pour garnir le champ dès la première année.

173. *Quel est le produit du sainfoin ?*

Le sainfoin se fauche, pour conserver sec, lorsque les fleurs commencent à se convertir en gousse. Il rend en moyenne 3,000 kilogrammes de foin sec à l'hectare. Sa durée est de trois à cinq ans. Ce fourrage est le meilleur de tous pour les chevaux de travail ; il ne météorise pas les ruminants.

174. *Comment se récoltent les graines de la luzerne et du sainfoin ?*

On ne prend la graine des prés artificiels qu'à la dernière coupe, avant de les rompre. Plus tôt, cette production abrégerait leur durée et épuiserait leur vigueur. On fauche la luzerne quand les gousses sont noires, et le sainfoin quand elles brunissent. Les tiges dépouillées, surtout celles du sainfoin, sont encore un bon fourrage. La luzerne peut donner 8 hectolitres par hectare, et le sainfoin 14 à 15.

175. *Quelle est la culture du trèfle rouge ?*

Le trèfle rouge, qui fournit un excellent fourrage, soit en vert, soit en sec, demande un terrain consistant, frais et profond. On sème par hectare 15 kilogrammes, en mars ou avril, dans des céréales, ou en mai dans du sarrazin. Avant l'hiver, il est bon de fumer en couverture; on répand au printemps suivant du plâtre et des cendres. Le trèfle donne deux coupes dont le poids réuni s'élève, dans les bons terrains, à 6,000 kilogr. de foin sec par hectare.

176. *Quelle est la culture du trèfle incarnat ?*

Le trèfle incarnat, très-bon fourrage, plus estimé à l'état vert qu'à l'état sec, demande un terrain léger et frais; il se sème seul à raison de 20 kilogrammes à l'hectare, en septembre, après une céréale ou après du colza. La terre se prépare par un seul coup de scarificateur. Il ne donne qu'une coupe en mai suivant, mais elle est très-abondante. Les betteraves et les pommes de terre réussissent fort bien après le trèfle incarnat.

177. *Qu'est-ce que la lupuline ?*

La lupuline ou minette dorée est propre aux terres calcaires où le trèfle vient mal. Elle ne donne qu'une coupe, mais son fourrage est excellent. On sème dans une céréale de printemps 15 kilogrammes par hectare. Elle demande les mêmes soins et les mêmes amendements que le trèfle.

178. *Comment se cultivent les vesces ?*

Les vesces aiment un sol richement fumé, assez compacte. On cultive une variété d'hiver, et une de printemps. La première est souvent associée au seigle, et l'autre à l'avoine. On sème 2 hectolitres par hectare. Le plâtre et les cendres activent la végétation. On coupe en fleur pour consommer à l'état vert, en cosse pour faner. 4 à 5,000 kilogr., tel est le produit moyen en sec par hectare.

179. *Quelle est la culture des pois gris ?*

On obtient un fourrage très-nourrissant en semant 150 litres de pois et 50 de féverolles, ou 80 d'avoine dans un terrain frais et consistant. Ce mélange se fauche en fleur ou en gousse selon qu'il est destiné à servir d'aliment frais ou sec.

180. *Quel est l'usage de la gesce ?*

La gesce ou jarosse qui réussit dans les terres sèches, calcaires, produit un fourrage très-estimé pour les moutons, mais dangereux pour les chevaux. Elle se sème à l'automne ou au printemps sur un labour à raison de 200 lit. à l'hectare. On ajoute pour la soutenir 100 lit. d'avoine ou 50 de féverolles.

181. *Quelle est la composition ordinaire des pâturages temporaires ?*

On emploie, pour ensemencer les pâturages temporaires, en sols frais, consistants et calcaires : 6 kilogrammes de sainfoin, 6 de ray-grass, 4 de minette, 4 de chicorée sauvage, 1 de pimprenelle, 5 de luzerne et 2 de trèfle blanc. Ces pâturages durent environ 5 ans.

182. *Quelle est la composition des pâturages annuels ?*

On associe pour la composition des pâturages annuels, les gesces, les lentilles, les pois, les vesces d'été, la moutarde blanche et l'avoine. Ces mélanges semés de mars en mai se consomment sur place de juin en septembre.

On se sert souvent dans le nord de la spergule, bon fourrage qui croît avec rapidité. Le semis s'effectue en mars ou en septembre après la moisson, à raison de 10 à 12 kilogrammes par hectare, dans un sol frais et meuble.

183. *Qu'appelle-t-on fourrages annuels hâtifs ?*

Les fourrages annuels hâtifs sont un mélange de graines fourragères dans les proportions suivantes : maïs quarantain 10 kilog., sarrazin 8 kilog., moha 1 kilog., pois 20 kilog., avoine 20 kilog., moutarde blanche 2 kilog., que l'on sème sur un terrain bien fumé, de mai en juillet, tous les quinze jours, pour que l'étable soit abondamment fournie de nourriture fraîche.

184. *Quels sont les avantages du maïs-fourrage?*

Le maïs fournit une masse énorme de fourrage vert, de rapide croissance, de bonne qualité, et dont tous les bestiaux sont avides. On sème de mai en juin à la volée, dans un sol riche, consistant, profond, 80 à 100 litres par hectare. Dès que les panicules surgissent, on commence à faucher.

185. *Qu'est-ce que le moha-fourrage ?*

Le moha présente à peu près les mêmes avantages que le maïs. On sème au printemps à la volée 10 kilog. par hectare, en terre siliceuse richement fumée. On coupe, dès que les têtes se montrent. Le sorgho à sucre et le millet méritent aussi d'être recommandés comme plantes fourragères.

186. *Quelles sont les crucifères utilisées comme fourrage vert ?*

1° Le pastel, le colza, la navette d'hiver, que l'on sème à l'automne, à la volée, et que l'on fauche au printemps au moment de la fleur; 2° le colza d'été, et les moutardes noire et blanche, qui, en deux mois, fournissent un fourrage abondant; mais ce fourrage, d'ailleurs peu nutritif, peut météoriser s'il est donné seul.

187. *Quelles ressources offrent le seigle et l'escourgeon comme fourrage ?*

Le seigle et l'escourgeon fournissent la première nourriture fraîche au printemps. Ils sont excellents pour la production du lait. On sème en octobre 2 hectolitres et demi dans un sol bien fumé et après deux labours. Le fourrage de l'escourgeon est plus délicat que celui du seigle et reste tendre jusqu'après la formation de l'épi.

188. *Quelle est la culture des choux ?*

Les choux ne se plaisent que dans un sol très-riche, compacte, profond et bien ameubli. On sème (1) dès mars en pépinière, et c'est en juin que le plant se met en place. La distance ordinaire entre les rangées est de 80 centim., et entre les plants de 50 centim. L'entretien se compose de binages répétés et d'un léger buttage. On récolte en détachant chaque jour, pendant tout l'hiver, les feuilles qui jaunissent. Les tronçons découpés sont un bon aliment.

(1) Les principales variétés de choux destinés à la nourriture du bétail sont le cavalier, le caulet de Flandre, le moëllier, le branchu du Poitou.

CHAPITRE XII.

—

Prairies naturelles.

189. *Quels sont les avantages des prairies naturelles ?*

Les prairies naturelles exemptent des soins annuels de labourage et d'ensemencement, donnent un produit régulier et améliorent le sol. Leur foin est plus nutritif à poids égal que celui des légumineuses.

190. *Quels sont les moyens d'établir des prairies naturelles ?*

La nature forme elle-même dans certains terrains frais un engazonnement spontané; mais en général, la création d'une prairie exige les soins du cultivateur qui emploie deux moyens : la transplantation de plaques de gazon ou le semis sur une terre bien préparée.

191. *Comment divise-t-on les prairies ?*

On distingue trois classes de prairies : 1° les *sèches* situées sur les pentes et les plateaux; elles donnent des produits savoureux, mais peu abondants. 2° Les *fraîches* situées sur un sol frais et sain; elles sont très-productives et souvent d'excellente qualité. 3° Les *marécageuses* qui, pénétrées d'eau stagnante, ne produisent que des plantes aigres et coriaces, d'un médiocre rendement.

192. *Quels sont les soins d'entretien qu'exigent les prairies naturelles ?*

Les travaux d'entretien des prairies naturelles consistent en assainissement complet, en arrosement régulier, en application d'engrais, en extirpation des mousses et des herbes nuisibles, en ravalement des taupinières et en curage des fossés et des rigoles.

193. *Quels travaux demande la conversion d'un champ en pré naturel ?*

On choisit, pour le convertir en pré, un champ fertile, frais ou susceptible d'être arrosé ; on l'ameublit et on le nivelle avec soin. On sème à l'automne ou au printemps dans une céréale un poids de 70 à 80 kilogrammes de graines fourragères ainsi mélangées : 4/5 de graminées et 1/5 de légumineuses.

194. *Quelles sont les plantes à préférer pour les prés frais ?*

On choisit pour composer les prés frais : le ray-grass, le fromental, le brôme des prés, le dactyle pelotonné, la fétuque des prés, le paturin commun, — le trèfle blanc et le trèfle rouge.

195. *Quelles sont les plantes fourragères convenables aux prés secs ?*

On préfère pour ensemencer les prés secs : le

dactyle pelotonné, le fléole des prés, le paturin et le vulpin des prés, — le trèfle blanc, la lupuline et le lotier corniculé.

196. *Qu'appelle-t-on herbages ?*

Les herbages sont des prés ordinairement enclos dont l'herbe est consommée sur place par les bestiaux. On les compose et on les entretient de la même manière que les prés naturels; il faut disperser avec soins les excréments ; on ne fauche que les parties rebutées.

197. *Quelles sont les eaux d'irrigation les plus favorables ?*

Les meilleures eaux d'irrigation sont douces, très-aérées, dissolvent bien le savon, contiennent du calcaire et des matières fertilisantes. Les eaux vaseuses s'emploient par submersion pendant l'hiver, et, quand l'herbe s'élève, on les utilise par infiltration. Le fer, le plâtre, le tanin nuisent aux eaux d'irrigation.

198. *Comment se conduit l'eau suivant les saisons ?*

A l'automne, quand les rigoles sont réparées, on fait couler l'eau par période de 15 jours environ. S'il gèle fort, on suspend l'irrigation. De février à la fin de mars, on réduit chaque période à huit jours. Entre chaque période, on laisse le gazon se ressuyer et s'aérer quelques jours. A mesure que la chaleur augmente, l'eau doit rester moins longtemps.

199. *Quel est le produit des prés naturels ?*

Les prés naturels bien entretenus produisent 7 à 8,000 kilogrammes de foin sec par hectare. Avec de bons engrais et de l'eau en suffisante quantité, le rendement peut dépasser 10,000 kilogrammes. — Le ray-grass d'Italie, arrosé d'engrais liquides donne, dans le nord, 5 à 7 coupes produisant 20 à 25 mille kilogr. en équivalent de foin sec.

CHAPITRE XIII.

—

I. — **Plantes oléagineuses.** (*)

200. *Quels sont les avantages des plantes oléagineuses ?*

Les plantes oléagineuses ont pour principal avantage de rapporter immédiatement un profit net très-élevé, d'être moins épuisantes que les céréales, de former une bonne préparation pour le blé. Leur paille sert de litière, leurs siliques de fourrage, et leurs tourteaux sont excellents pour l'engraissement du bétail.

201. *Quelle est la culture du colza d'hiver ?*

Le colza d'hiver demande un terrain bien assaini, meuble, assez consistant, en bon état d'engrais. On sème en ligne ou à la volée 3 à 4 kilog. par hectare, du 15 juin au 15 août. On bine et on éclaircit avant l'hiver ; en décembre, il est bon de donner un léger buttage. Le colza se cultive aussi en pépinière pour être transplanté en septembre.

202. *Quel est le rendement du colza ?*

Le colza se coupe à la faucille, un peu avant la

(1) Ou *oléifères* qui produisent de l'huile.

maturité. On le bat ordinairement sur des baches, dans le champ même. Le rendement est de 25 à 30 hectolitres. L'hectolitre pèse 68 kilogrammes. Le grain donne 30 à 40 pour 100 d'huile estimée pour l'éclairage. — On cultive un colza de printemps, en terrain frais: On met par hectare 5 kilog. de graines. Le rendement ne dépasse pas 18 hectolitres.

203. *Comment se cultive la navette d'hiver ?*

La navette d'hiver, qui est plus précoce, mais moins productive que le colza d'hiver, demande un terrain léger, calcaire, bien fumé. On sème du 15 août au 15 septembre 3 à 4 kilog par hectare à la volée. On obtient 15 à 18 hectolitres pesant chacun 65 kilog., et 33 0/0 en poids d'huile. — La navette d'été se sème en juin et se récolte en septembre.

204. *Quelle est la culture de la caméline ?*

La caméline est précoce, robuste et n'est jamais attaquée par les insectes. Elle se sème dans un sol sableux, en mai ou juin, à raison de 8 litres par hectare, à la volée. On obtient 15 à 18 hectolitres par hectare. 100 parties de graines en poids rendent 28 à 32 d'huile. Ses tiges s'utilisent comme balais. Elle sert quelquefois d'abri à un semis de trèfle ou de carotte.

205. *Quel intérêt méritent les moutardes ?*

La moutarde *noire* est employée surtout pour composer l'assaisonnement qui porte ce même nom, et les cataplasmes appelés sinapismes. Elle ne contient que 15 0/0 d'huile grasse. La moutarde *blanche* au contraire en fournit plus du double. Son huile est bonne pour la friture. Ses graines sont employées comme mucilagineuses en médecine. On sème en mai 6 litres de moutarde noire et 10 de moutarde blanche. Leur produit ne dépasse pas 15 hectolitres.

206. *Comment cultive-t-on le pavot ?*

On connaît deux espèces de pavot : 1° le pavot *noir* à semence grise, à capsule ouverte, grosse comme une noix ; 2° le pavot *blanc* à capsule comme le poing, close, à graine blanche. Cette plante demande un sol léger, frais, substantiel, profond, très-ameubli. Elle se sème en mars, à la volée, quelquefois en ligne, à raison de 2 kilog. 50 par hectare. On sarcle, on bine et on éclaircit avec soin.

207. *Comment s'opère la récolte du pavot ?*

On arrache le pavot noir quand les capsules jaunissent. On réunit les tiges en faisceaux que l'on dresse sur le champ, pour y achever de mûrir. — Le pavot blanc se récolte en coupant les capsules sur les tiges, qui sont extraites plus tard. Ces capsules sont transportées au grenier, où elles sèchent en couches peu épaisses. Le battage s'opère au fléau.

L'hectare rend 15 à 18 hectolitres : l'hectolitre pèse 60 kilog. Cent de graines rendent 40 ou 50 d'huile d'une saveur douce et agréable, et le tourteau est excellent pour le bétail.

II. — Plantes tinctoriales. (*)

208. *Comment la garance est-elle cultivée ?*

La garance dont la racine fournit le rouge le plus estimé, se plaît dans un terrain calcaire, frais, profond, substantiel. La meilleure disposition du champ est en planches de 1ᵐ 70 de largeur. On forme la garancière par semis ou par plantation. On sème en mars 100 à 120 kilog. de graines en lignes espacées de 0ᵐ 30 à 0ᵐ 55. Quant à la plantation, elle consiste à étendre des racines fraîches, dans des sillons espacés comme pour le semis. On sarcle et on bine avec le plus grand soin. Avant l'hiver on butte fortement avec la terre prise dans les sentiers qui ont 0,33 cent. de large.

209. *Comment s'opère la récolte de la garance ?*

L'arrachage de la garance se fait à la bêche ou à la charrue la seconde année de la plantation ou la troisième du semis. On nettoie avec soin les racines et on les sèche à l'air. Le produit est de 7,000 kilogrammes de racines, et d'un poids égal de tiges et de feuilles, qui sont un fourrage excellent.

210. *Qu'est-ce que la gaude ?*

La gaude, dont la tige produit une belle couleur jaune, réussit dans les sols légers et calcaires. La

(1) Plantes dont on extrait des matières propres à la teinture.

variété d'hiver se sème à la volée, en août ou septembre, à raison de 4 à 5 kilogr.; on arrache les tiges en juin après la floraison. Le produit en sec est de 1,500 à 2,000 kilogrammes. La variété de printemps se sème en mars dans une céréale, et se récolte en octobre.

211. *Quelle est la culture du safran ?*

Le safran qui, par les stigmates de sa fleur, fournit un principe colorant jaune, demande un terrain très-sain, meuble et substantiel. C'est par ses bulbes ou oignons qu'on le multiplie. La plantation se fait en juin, en sillons de 0^{m}30 de distance. La cueillette a lieu en octobre. Le produit en safran desséché est de 12 kilogrammes la première année, 28 à 30 la deuxième, et à peu près autant la troisième.

212. *Quelle est l'utilité du pastel ?*

Le pastel, dont les feuilles fournissent un principe colorant bleu, s'accommode des terrains les plus variés, s'ils sont sains et calcaires. On sème 8 à 12 kilogrammes en lignes, au printemps. On cueille, avant la formation des tiges florales, les feuilles que l'on réduit en pâte pour la vente.

CHAPITRE XIV.

I. — Plantes textiles. (*)

213. *Comment se cultive le lin ?*

Le lin, qui fournit la filasse la plus fine et la plus estimée, demande un terrain neuf, frais, profond, meuble, très-net et fortement fumé. On sème à la volée, 2 à 3 hectolitres, à partir de mars. Le sarclage s'effectue avec une minutieuse attention, dès que le plant a $0^m 03^c$ ou $0^m 04^c$ de hauteur ; il se répète ainsi que le binage deux ou trois fois.

214. *Comment s'opèrent la récolte et le rouissage du lin ?*

On obtient le lin dit de *fin*, en arrachant les tiges quand les capsules sont à peine formées. Pour le lin ordinaire, on attend la maturité complète. L'opération du rouissage consiste à exposer les tiges à la rosée pendant une douzaine de jours, sur un pré à herbe courte et serrée, ou bien à faire macérer les bottes de lin placées verticalement dans des mares d'eau dormante. Six à huit jours suffisent

(1) Plantes dont les fibres servent à la confection des fils, des tissus, des cordes.

pour dissoudre la gomme qui tient les fibres unies.

215. *Quel est le rendement du lin ?*

Le lin produit environ 500 kilogrammes en filasse, et 7 à 15 hectolitres en grain, suivant l'époque de l'arrachage. L'hectolitre pèse 68 kilogrammes. 100 kilogr. de graine donnent 17 à 18 kilogrammes d'huile très-siccative. Le tourteau est très-estimé pour l'engraissement du bétail.

216. *Quelle est la culture du chanvre ?*

Le chanvre qui fournit une filasse grossière, mais abondante et très-solide, exige une terre franche très-meuble, fraîche, profonde et fortement fumée. On le sème à la volée, en avril ou en mai. Pour obtenir des tiges grêles et une filasse fine, on emploie 3 à 4 hectolitres de semence. En diminuant cette proportion, les tiges acquièrent plus de vigueur et produisent une filasse plus forte et une graine meilleure.

217. *Quels sont les produits du chanvre en filasse ?*

Pour obtenir la filasse la plus fine et la plus uniforme, on arrache la récolte du chanvre avant que les pieds femelles soient défleuris ; le produit varie de 1,000 à 1,200 kilogrammes. Quand on veut recueillir à la fois la filasse et la graine, on arrache d'abord les pieds mâles, après la dispersion du pollen, et six semaines plus tard les pieds femelles, dès que les graines brunissent. La filasse dans ce dernier cas est très-abondante, mais grossière. On procède au rouissage de la même manière que pour le lin.

218. *Quel est le produit du chanvre en graines?*

Le rendement du chanvre en graines est de 200 à 300 kilogrammes. L'hectolitre pèse 52 kilogrammes. 100 kilogrammes donnent 20 à 25 kilogrammes d'huile propre à l'éclairage. Le chènevis est très-employé pour la nourriture de la volaille, dont il rend la ponte plus hâtive et plus fréquente.

II. — Plantes commerciales diverses.

219. *Quelle est la culture du tabac?*

Le tabac dont la culture n'est autorisée en France que dans dix départements (¹), demande un sol calcaire, meuble et très-fertile. On prépare le plant en pépinière, dès la fin de mars. Quand il a atteint $0^m 05^c$ à $0^m 06^c$, on le met en place. Chaque plant doit occuper 1 mètre en tous sens. Le tabac a besoin de sarclages fréquents et d'un buttage quand il a atteint $0^m 30^c$ de haut. Un peu avant la fleur, on l'étête pour tourner la sève au profit des feuilles. On pince tous les jets latéraux.

(1) Nord, Pas-de-Calais, Ile-et-Vilaine, Bas-Rhin, Lot, Lot-et-Garonne, Gironde, Bouches-du-Rhône, Var, Corse.

220. *Comment s'opère la récolte du tabac ?*

Dès que les feuilles du tabac prennent une teinte jaunâtre, on commence la cueillette. Les plus estimées sont celles du haut des tiges. On fait sécher, puis fermenter les feuilles récoltées; et c'est réunies en petits paquets qu'on les livre à la régie. On obtient environ par hectare 3,000 kilogrammes de feuilles sèches.

221. *Comment se cultive le houblon ?*

Le houblon se cultive pour ses fruits ou cônes qui contiennent un principe amer et un arôme indispensable à la fabrication de la bière. Il se plaît dans un terrain riche, profond, sain, abrité. On le propage par bourgeons séparés de vieilles souches et élevés une année en pépinière. Chaque plant doit occuper 2 mètres en tous sens. La première année, on utilise l'intervalle par des légumes. Pour soutenir les tiges grimpantes du houblon, on emploie des perches de 6 à 8 mètres de hauteur ou de gros fils de fer tendus horizontalement.

222. *Comment s'opère la taille du houblon ?*

Au premier printemps de chaque année, on rabat les vieilles tiges de houblon à deux ou trois yeux; on ne conserve que trois ou quatre bourgeons à chaque pied. C'est le moment d'appliquer les engrais; pour le maintien de la fraîcheur en été et pour la préservation des gelées en hiver, on bêche tout l'espace et on butte avec soin chacun des plants.

223. *Comment se récolte le houblon ?*

Le moment opportun de la cueillette du houblon s'annonce par une forte odeur aromatique que répandent les cônes qui ont pris une teinte jaunâtre et dont les écailles sont écartées. Les cônes doivent être cueillis délicatement un à un. Les tiges sont d'abord coupées à 1 mètre du sol, on abaisse ensuite les perches ou les fils de fer. Les cônes détachés se sèchent avec soin au grenier ou à l'étuve. On les conserve dans des sacs fortement comprimés. Le rendement par hectare est de 800 à 900 kilogr.

224. *Comment se cultive la cardère ?*

La cardère dont les têtes armées de crochets recourbés servent au peignage des draps, exige un terrain riche, sain et profond. Elle se sème clair, à la volée, en mars. On laisse à chaque pied un espace de $0^m 50^c$ en tous sens. La tige ne se développe qu'à la deuxième année. Dès que la première tête paraît, on la supprime. — Quelquefois on sème en pépinière, pour transplanter en août ou en septembre.

225. *Quel est le produit de la cardère ?*

On récolte un peu après la fleur, dès que les têtes deviennent roussâtres. Chaque pied donne environ six têtes. On laisse une queue de $0^m 25^c$ pour les réunir en petits paquets. L'hectare produit 7 à 800 kilogrammes de têtes. Les tiges sèches servent de combustible ou de litière, les graines de nourriture à la volaille.

CHAPITRE XV.

—

Des Assolements.

226. *Qu'est-ce que la jachère?*

On nomme terre en jachère celle qui reste en repos, c'est-à-dire sans rien produire pendant une ou plusieurs années, et qui, pendant ce temps, reçoit des labours et des hersages pour servir de préparation à la récolte suivante. La jachère occupait autrefois le tiers et souvent même la moitié des terres arables.

227. *La jachère est-elle indispensable?*

La jachère forme le mode de nettoiement le plus onéreux. On la remplace par des récoltes sarclées qui permettent de tenir le sol très-net; — et dans les fermes bien dirigées, elle n'est plus employée que par exception, quand par exemple une terre argileuse, envahie par le chiendent ou d'autres mauvaises herbes, demande un traitement énergique.

228. *Quels sont les avantages de la suppression de la jachère?*

La suppression judicieuse de la jachère a pour résultats 1° de forcer la terre, dont le loyer s'élève de plus en plus, à produire sans interruption;

2º d'en augmenter la fécondité par des plantes qui l'enrichissent de leurs débris; 3º de multiplier les fourrages et les engrais. Cette suppression oblige de faire à la terre de plus grandes avances.

229. *Qu'appelle-t-on assolement ?*

On entend par assolement une succession de récoltes qui permet de tirer du terrain les plus hauts produits, tout en l'améliorant chaque année. La sole est la portion de terrain consacrée à l'une des récoltes de l'assolement.

230. *Q'appelle-t-on plantes améliorantes ?*

On nomme plantes améliorantes 1º celles qui laissent au sol beaucoup de débris et tirent leur nourriture du sous-sol par leurs racines pivotantes, et de l'atmosphère par leurs feuilles, tels sont : les trèfles, les sainfoins, la luzerne; 2º celles qui sont consommées par le bétail de la ferme pour produire de l'engrais, tels sont : les pois, les vesces, les prés naturels, les carottes, les betteraves, etc.

231. *Qu'appelle-t-on plantes épuisantes ?*

On considère comme épuisantes les plantes qui produisent des grains, ou des tubercules féculents, ou de la filasse, tels sont : les céréales, les pommes de terre, le lin. Toutes les plantes enfin qui laissent peu de débris au sol, sont exportées au dehors, et non converties en engrais.

232. *Quelles sont les plantes nettoyantes ?*

On appelle nettoyantes 1º les plantes qui contribuent à ameublir le sol et à le purger des mau vaises herbes, tels sont : les pommes de terre, les betteraves, le colza, qui amènent ce double résultat par les cultures répétées qu'elles exigent ; 2° les plantes fertilisantes, à végétation très-serrée, tels que le sarrazin, les pois, les vesces, etc., qui étouffent sous leur ombre les plantes nuisibles.

233. *Qu'appelle-t-on plantes sympathiques ?*

Les plantes qui se succèdent à elles-mêmes avec avantage sont dites sympathiques. Les herbages, le topinambour, le riz, le seigle, les pommes de terre, le chanvre, le tabac, peuvent subsister plusieurs années sur le même champ. Au contraire, le blé vient mal après lui-même ; le pois, le lin, le trèfle montrent plus d'antipathie encore. Le trèfle, le colza, la fève sont d'excellents précédents pour le blé ; la pomme de terre, la betterave, les navets ont la même influence sur l'avoine et l'orge.

234. *Quelles sont les règles générales des assolements ?*

Les règles des assolements peuvent se réduire aux cinq suivantes :

1° Placer sur chaque espèce de terre les plantes qui réussissent le mieux, et dont le débit est le plus assuré ; 2° faire succéder à chaque récolte la récolte la plus sympathique, c'est-à-dire celle qui peut à cette place se comporter le mieux possible ; 3° intercaler les plantes épuisantes avec les plantes améliorantes, et les plantes nettoyantes avec les plantes salissantes ; 4° appliquer les fumiers de ferme aux récoltes sarclées ou fauchées en vert, et non aux céréales, sujettes à se salir et à verser ; 5° ménager entre chaque récolte un temps suffisant pour préparer la térre d'une manière complète.

235. *Qu'est-ce que l'assolement triennal avec jachère ?*

L'assolement triennal se compose de trois soles égales : 1° jachère ou repos d'une année ; 2° blé ; 3° avoine ou orge. Puis on recommence par la jachère.

Cet assolement suivi pendant des siècles est défectueux. La terre reste un an sans récolte ; elle ne porte pas de fourrage, base des engrais de ferme ; elle s'épuise par la production des grains ; enfin elle se salit par la succession des deux céréales.

236. *Quels sont les avantages des assolements alternes ?*

Si l'on examine l'assolement alterne suivant qui comprend six soles ou six années :

1° Betteraves ou pommes de terre (récolte sarclée) ;

2° Orge ou avoine avec trèfle (récolte épuisante et salissante) ;

3° Trèfle (récolte très-améliorante) ;

4° Blé (récolte épuisante et salissante) ;

5° Vesce (récolte étouffante et améliorante) ;

6° Blé (récolte épuisante et salissante) ;

On voit que la terre ne portant pas deux fois de suite la même récolte, observe l'alternat, c'est-à-dire la succession d'une plante améliorante à une plante épuisante, qu'elle conserve une suffisante propreté et gagne constamment en fertilité. Si le sol est riche, la vesce peut être remplacée à la cinquième année par du colza ou par une autre récolte industrielle.

237. *Qu'appelle-t-on système de culture libre?*

On appelle culture libre un système de culture dans lequel on ne s'assujettit à aucune succession régulière de récolte. Il a pour but non la production des fourrages pour nourrir un nombreux bétail et obtenir beaucoup de fumier, mais la production des plantes industrielles qui ont le plus de valeur sur les marchés. Pour réussir, il faut de bonnes terres, un grand capital, des engrais en abondance et une expérience consommée.

238. *Comment s'établit le compte d'une récolte et se calcule le prix de revient?*

Soit à trouver le prix de revient de la récolte de betteraves qui, dans l'assolement de six ans exposé plus haut, occupe la première sole :

I. Dépenses.

A. PRÉPARATION DU SOL.

Un déchaumage au scarificateur. . .	6ᶠ »
Un labour ordinaire à l'automne. . .	20 »
A reporter. . . .	26 »

Report . . . . . 26 »

Deux hersages d'ameublissement . . 5 »
Un défoncement (1/3 de la dépense). . 20 »
Un labour ordinaire au printemps . . 20 »
Deux hersages d'ameublissement . . 5 »
Un roulage. . . . . 2 »

B. FUMIER.

40,000 kilogrammes de fumier à 10 fr.
les 1,000 kilogrammes, transport et épan-
dage compris. La moitié seulement de cette
quantité est consommée par la betterave . 200 »

C. ENSEMENCEMENT.

5 kilogrammes de semence à 2 fr. 50
le kilogramme 12 50
Semis à l'aide du semoir à cheval . . 3 »

D. ENTRETIEN.

Un binage à la main . . . . . . 14 »
Un binage à la houe à cheval . . . 5 50
Un deuxième binage et élaircissement à
la main. . . . . 16 »
Dernier binage à la main. . . . . 10 »

A reporter 339 00

Report 339 00

E. RÉCOLTE.

Arrachage des racines à la fourche et à
la main . . . . 20 »
Décolletage. . . . . 14 »
Emmagasinage en silos . . . . . 18 »
Transport . . . . 25 »

F. FRAIS DIVERS.

Location de la terre . . . . . . 78 »
Frais généraux d'exploitation . . . 20 75
Intérêt des avances 25 25
———
540ᶠ 00

II. Produits.

40,000 kilogrammes de betteraves à
1 fr. 80 les 100 kilogrammes . . . . 720 »
Valeur des feuilles comme fourrage ou
engrais. . . . . 70 »

Total des produits . . . . 790 »
Total des dépenses. . . . 540 »
———
Bénéfice . . . . . 250 »

Si 540 fr. d'avances faites à la betterave, dans

des conditions d'engrais abondants et de culture très-soignée, ont produit un bénéfice net de 250 fr., 100 francs procurent par cette récolte un profit de

$$\frac{250^f \times 100}{540} = 46^f \ 30.$$

Le prix de revient de 100 kilogrammes de bette-raves est de $\frac{540^f \times 100}{40,000} = 1^f \ 35$ fr.

Le prix du marché étant 1^f 80, le bénéfice du cultivateur, par 100 kilogrammes, est de 0^f 45.

239. *Quelles sont les premières améliorations d'un faire-valoir?*

Les premières améliorations d'un faire-valoir doivent être dirigées sur trois points principaux :

1° Accroître la masse des fourrages. On y parvient en donnant des soins particuliers aux prés naturels, en semant des fourrages précoces annuels, en créant des prairies artificielles ;

2° Augmenter la masse des engrais. On y parvient en perfectionnant la confection des fumiers, en recueillant les purins, en formant des composts, en essayant l'enfouissement des récoltes vertes ;

3° Appliquer seulement aux bonnes terres une culture énergique. On n'emblave que ce qu'il est possible de bien façonner et de bien fumer. Les terres médiocres et les terres mauvaises sont mises en sainfoin ou en pâtures annuelles ou temporaires.

240. Quelles sont les différentes périodes de fécondité du sol ?

On a classé les sols, suivant le degré de fécondité qu'ils présentent, en six périodes.

1° *Période forestière :* pas de fourrage, très-peu de grains, nécessité du boisement.

2° *Période pacagère :* production d'une herbe à peine fauchable consommée sur pied par des bêtes très-rustiques.

3° *Période fourragère :* commencement du règne d'une culture régulière. Rendement en foin sec, 2,000 kilogrammes, en blé, 12 hectolitres, par hectare.

4° *Période céréale :* rendement de 3 à 5,000 kilogrammes de fourrage sec et 18 à 25 hectolitres de blé à l'hectare. Alimentation du bétail à l'étable.

5° *Période commerciale :* extension des récoltes que l'industrie paie le plus cher : colza, lin, tabac, etc. Le blé rend 30 à 35 hectolitres à l'hect.

6° *Période jardinière :* le sol est parvenu à la limite la plus élevée de fécondité et de valeur foncière. Tous les travaux s'exécutent à bras, et comme on n'entretient plus de bétail, il faut se procurer à l'extérieur tous les engrais nécessaires.

Nota. Beaucoup de manuels élémentaires se terminent par une indication sommaire des travaux que nécessitent, mois par mois, les différents services de l'exploitation.

On a cru ce sujet assez important pour être traité à part.
Le *Calendrier-Memento* du cultivateur (1 vol. in-18 ;
0ᶠ 50) comprend non-seulement les occupations du chef
de ferme et de tous ses agents, mais encore un nombre
considérable de données pratiques sur la culture des
champs, des jardins, des bois, des vignes, sur le gou-
vernement du bétail et sur la médecine vétérinaire.

TROISIÈME PARTIE.

—

Compléments et Additions.

——

CHAPITRE XVI.

—

Agents naturels de la végétation.

241. *Quelles sont les sources de l'existence des plantes?*

Les plantes puisent dans la terre et dans l'atmosphère, avec le concours de l'eau et sous l'influence de la lumière, de la chaleur et de l'électricité, tous les matériaux de leur entretien et de leur développement.

242. Quelle est la composition de l'air atmos-phérique?

L'atmosphère est une vaste étendue gazeuse d'une excessive mobilité, qui entoure toute la terre (1) et où s'alimente en partie la vie végétale. L'air atmosphérique est formé du mélange de deux gaz : 79 pour 100 d'azote en volume et 21 d'oxigène. On y trouve aussi de l'acide carbonique (2) en petites proportions.

243. Quel est le rôle des gaz atmosphériques?

L'oxigène est un corps simple qui se combine avec les métaux pour former des oxides et avec les métalloïdes pour former des acides. Il est indispensable à la respiration des animaux, à la germination et au développement des plantes et à la production des ferments. L'azote modère, par sa présence, l'activité de l'oxigène ; il forme de l'ammoniaque en se combinant avec l'humus et les corps très-poreux.

244. Qu'est-ce que l'acide carbonique?

L'acide carbonique est un gaz formé de carbone (3)

(1) La hauteur de l'atmosphère est d'environ 4,000 mètres (Biot). Elle baisse par la pluie, la neige, le vent, l'orage ; elle s'élève par la chaleur croissante. Le baromètre offre le moyen d'apprécier ces variations et de prévoir les changements de temps. — Sur chaque centimètre carré de la surface de la terre, l'air exerce une pression de 1 kilogr. 0,32, à 0 de température et à 0,76 de hauteur barométrique.

(2) Environ 4 parties en volume pour 10,000 d'air.]

(3) Carbone, charbon pur.

et d'oxigène (1). Les végétaux, sous l'influence de la lumière, l'absorbent par leurs feuilles en respirant, le décomposent et s'emparent de son carbone pour développer leurs tissus. Pendant la nuit, la plante rejette sans l'altérer l'acide carbonique qu'elle a absorbé par ses racines.

245. *Qu'est-ce que l'eau?*

L'eau, combinaison (2) de deux gaz hydrogène et oxigène, prend, suivant la température à laquelle elle est soumise, l'état de vapeur, de liquide ou de solide. — Elle est liquide depuis 0 jusqu'à 100 degrés; à cette dernière température elle se réduit en vapeur et occupe un espace dix-sept cents fois plus grand qu'à l'état liquide. — La vapeur d'eau adoucit la température et favorise l'action de l'oxigène. — L'eau se congèle à 0° et au-dessous; elle augmente alors de 1/7 de volume. — Sans l'eau qui les dissout, les sels alimentaires ne peuvent être absorbés par les végétaux (3). A 15 ou 20 degrés, l'eau accélère la végétation; elle la retarde quand elle se refroidit.

246. *Quels sont les effets de la lumière?*

La lumière solaire active les fonctions vitales et

(1) 6 parties en poids de carbone unis à 16 d'oxigène constituent l'acide carbonique.

(2) Dans la proportion en poids de 1 d'hydrogène et de 8 d'oxigène.

(3) Chaque plante contient 45 à 65 p. 0/0 d'eau dans ses parties ligneuses et 80 à 90 dans ses parties herbacées.

favorise les productions aromatiques, sucrées et féculentes des fleurs, des fruits et des graines (1). Longtemps privés de lumière, les végétaux se décolorent et finissent par périr.

247. *Quels sont les effets de la chaleur ?*

La chaleur modérée accélère la végétation ; mais son excès ou son défaut la fait cesser ou la détruit. La maturité d'une plante arrive quand elle a reçu une certaine quantité de chaleur totale qui est la même dans tous les climats, quand d'ailleurs les conditions de culture sont les mêmes. Ainsi, l'orge qui mûrit à Paris en 124 jours d'une température moyenne de 15 degrés ($124 \times 15° = 1860$ degrés), accomplit sa végétation à Marseille en 93 jours d'une température moyenne de 20 degrés ($93 \times 20 = 1860$ degrés).

248. *Quels sont les effets de l'électricité ?*

L'électricité, suivant toute probabilité, purifie l'air, stimule la végétation, excite la fermentation des engrais organiques et forme même des composés azotés qui augmentent la fécondité du sol.

---

(1) Le contraire a lieu pour les tiges et les feuilles comestibles, pour les racines et les tubercules. La coloration verte leur communiquerait une saveur âcre et amoindrirait la proportion de sucre et de fécule si, par des buttages, des feuilles, de la paille, etc., on ne les mettait à l'abri de la lumière.

CHAPITRE XVII.

—

Sols et engrais.

249. *Quelle est la formation et quel est le classement des roches constituant l'écorce du globe?*

Les masses minérales ou roches constituant l'écorce du globe paraissent avoir été formées les unes par voie de *cristallisation*, et les autres par *dépôt au milieu des eaux*. De là, deux classes de roches très-différentes entre elles : les roches *cristallines* ou *primitives*, et les roches *sédimentaires*.

Les premières, tels que les granits (1), le quartz, les minerais métalliques, etc., ont une position verticale ou peu inclinée, et ne contiennent aucun débris de matières organiques. Les autres, au contraire, telles que l'argile, le calcaire, la marne, le plâtre, la houille, etc., forment des masses horizontales considérables et renferment des restes d'animaux et de végétaux.

(1) Les géologues nomment *terrains* les parties ou couches de l'écorce du globe qui offrent à peu près la même structure et la même composition.

250. *Qu'appelle-t-on terrain d'alluvion et terrain volcanique?*

Les terrains d'alluvion sont composés de débris de roches cristallines ou sédimentaires entraînés par de grands courants d'eau et déposés en couches plus ou moins considérables. Les terrains volcaniques résultent des éruptions volcaniques anciennes ou récentes.

251. *Comment s'est formée la terre arable?*

La terre arable ou cultivée s'est formée graduellement par la décomposition, la pulvérisation plus ou moins complète de la surface des roches de diverses formations. Il n'est pas de roche, si dure qu'elle soit, qui résiste à l'influence continue de l'eau et de l'atmosphère. La composition du sol est donc très-variée et très-complexe.

252. *Comment classe-t-on le sol?*

En deux divisions : 1° les sols à *base minérale* partagés en deux classes, les sols calcaires et les sols non calcaires ; 2° les sols à *base organique* (1), qui se partagent aussi en deux classes, les terreaux actifs et les terreaux acides. La prédominance d'un élément constitue les ordres qui admettent chacun deux ou trois espèces de sols suivant le nombre des éléments. — En mentionnant l'espèce d'un sol, il faut ajouter s'il est limoneux, sableux, graveleux, caillouteux, perméable ou imperméable.

(1) Les sols à base organique doivent renfermer au moins 20 0/0 de leur poids sec en matières organiques.

253. *Comment reconnaît-on la proportion d'humus contenue dans le sol ?*

On pèse 100 grammes de la terre proposée que l'on chauffe d'abord jusqu'à 100 degrés et plus (1) pour évaporer l'eau interposée. On pèse de nouveau, puis on expose l'échantillon à la chaleur rouge (2) pour brûler la matière organique. On pèse une troisième fois, et la différence des poids indique approximativement la proportion d'eau et la proportion d'humus.

254. *Comment reconnaît-on l'humus acide et le tannin ?*

On fait bouillir l'échantillon ; si l'humus est acide, la dissolution rougit le papier de tournesol. — Si l'échantillon contient du tannin, on obtient un précipité blanchâtre en y versant une dissolution de gélatine.

255. *Comment se fait le lavage ou analyse mécanique de la terre ?*

On prend 500 grammes d'un échantillon de terre qu'on fait sécher pour évaporer l'eau interposée, et qu'on pèse avec soin. On délaie les matières dans l'eau en agitant vivement ; on décante au repos, et on ajoute de nouvelle eau jusqu'à ce que la dissolution demeure claire. Ce qui reste au fond du vase contient les parties grossières : le gravier, le sable.

(1) Chaleur du four après la cuisson du pain.

(2) On peut se servir d'une pelle rougie.

siliceux ou calcaire et les débris organiques que l'on sépare à l'aide d'un tamis fin. — Les eaux de lavage donnent après vingt-quatre heures, un dépôt de parties ténues que l'on fait sécher et que l'on pèse. Il contient de l'humus, du calcaire, de l'argile et des sels divers. On connaît le poids de l'humus en calcinant ce dépôt sur une pelle rouge ; le calcaire, en traitant le dépôt calciné par l'acide chlorhydrique, étendu de quatre fois son poids d'eau ; — l'argile en recueillant sur un filtre la partie insoluble de la dissolution du calcaire dans l'acide.

256. *Comment se reconnaît la proportion de chaux dans la marne?*

On verse sur 100 grammes de l'échantillon proposé, de l'acide chlorhydrique étendu d'eau, par petites portions, jusqu'à ce qu'il n'y ait plus d'effervescence. On fait couler la dissolution sur un filtre qui retient les parties non calcaires, insolubles dans l'acide. On pèse ce résidu après l'avoir séché. Moins il est abondant, plus la marne est riche en calcaire (1).

257. *Qu'appelle-t-on phosphate fossile?*

On donne le nom de phosphates fossiles, à des phosphates minéraux, composés d'acide phospho-

____

(1) Ces petites expériences peuvent être faites sans difficultés et presque sans frais dans toutes les écoles rurales.

rique et de chaux, exploités comme amendements. Après les avoir pulvérisés, on les rend solubles par l'acide sulfurique. On emploie par hectare 8 à 10 hectolitres dans les sols où le noir et les os réussissent.

258. *Qu'est-ce que l'engrais-Jauffret?*

L'engrais-Jauffret se compose de végétaux sauvages, herbacés ou ligneux, réduits en fumier par la fermentation. Ces ramassis après avoir été divisés, broyés et baignés dans une lessive alcaline (1), sont accumulés en une meule de 2ᵐ 50 d'élévation, fortement comprimée, copieusement arrosée et recouverte de terre.

Les cinq, sept et neuvième jours on arrose de nouveau. La température s'élève jusqu'à 60 degrés et plus. Du vingtième au trentième jour la masse est convertie en engrais.

259. *Qu'est-ce que le lizier?*

Le lizier est un engrais liquide ainsi préparé en Suisse : on écrase et on délaie dans une rigole en bois, située derrière les animaux et profonde de 0ᵐ 40ᶜ sur une égale largeur, toutes les fientes du bétail qui ne reçoit pas de litière, et on fait évacuer la purée liquide dans une fosse. Au bout d'un mois

____

(1) La lessive comprend : fumier de cheval 250 kilogrammes ; suie 25 kilogrammes ; plâtre 200 kilogrammes ; chaux 30 kilogrammes ; cendre 10 kilogrammes ; salpêtre 0ᵏ 300 grammes ; sel marin 0ᵏ 500 grammes ; levain de vieil engrais 25 litres.

de fermentation, on répand la partie liquide de l'engrais sur les prés et les céréales, et la partie solide sur les terres non couvertes de récoltes (1).

260. *Comment emploie-t-on la terre comme litière?*

La terre séchée à l'air peut être employée avec avantage pour remplacer la litière. Les déjections se conservent sans odeur et sans fermentation, et on obtient un fumier terreux plus riche en matières animales et salines et plus économique que le fumier à base de paille. La marne sèche, l'argile brûlée, la tourbe sont les meilleures matières absorbantes.

261. *Comment évalue-t-on approximativement la quantité de fumier produite dans une ferme?*

On double le chiffre représentant le total à l'état sec du fourrage consommé et de la litière employée. On admet que le foin, la paille, les grains, les sons et les tourteaux renferment 100 kilogrammes p. 0/0 de matières sèches; les fourrages verts et les racines 25 p. 0/0; les choux et les navets 15.

______

(1) On a cherché à généraliser dans ces derniers temps l'emploi des engrais liquéfiés et à remplacer le transport ordinaire par des tuyaux d'arrosement. Cette question est d'une grande importance, car l'engrais à l'état liquide offre aux végétaux, à toutes les phases de leur existence, une nourriture toute élaborée et par conséquent d'une assimilation immédiate.

262. *Quels sont les engrais salins et les engrais artificiels les plus usités ?*

Le sel marin réussit généralement sur les prairies et sur les céréales. On répand 200 kilogrammes à l'hectare. — Les sels ammoniacaux s'emploient aussi avec succès à la dose de 150 à 200 kilogrammes. — Les engrais artificiels (1) se résument tous en un mélange de sels azotés, de phosphates, de débris animaux et de matières fécales désinfectées.

(1) Les engrais commerciaux dits concentrés auxquels des annonces effrontées attribuent une merveilleuse efficacité, ne sont souvent qu'un mélange de matières inertes ou nuisibles aux plantes.

CHAPITRE XVIII.

—

Labours et récoltes

263. *Quelles sont les différentes sortes de labours ?*

1º *Le déchaumage*, labour léger après les céréales, qui enterre le chaume, fait germer les graines parasites, et met les racines des mauvaises herbes à la portée de la herse.

2º *L'émiettage*, menue façon d'ameublissement souvent remplacée par le scarificateur.

3º *Le fonçage*, labour qui prend toute la profondeur du sol à l'entrée de l'hiver. Si le sol est argileux, on prend des raies aussi larges et aussi profondes que possible pour que la terre par l'action des gelées devienne plus meuble et plus féconde.

4º *Le labour de semage*, qui se donne à raies étroites pour recevoir la semence. Quand on enterre du fumier ou des amendements, par un labour qui devra être suivi d'un autre labour, le premier se donne à peu d'entrure, le dernier à toute profondeur pour laisser l'engrais entre deux terres.

264. *Comment s'opère le labour en crête?*

Cette forme de labour consiste à jeter les bandes de terre deux par deux, l'une contre l'autre. Le champ ainsi adossé, on distribue le fumier dans le fond des raies. On refend alors chaque ados pour en former d'autres et couvrir le fumier. Cette méthode est souvent employée pour exhausser des terrains trop peu profonds et pour concentrer ou économiser l'engrais, dans la culture des betteraves, des choux, des navets et du maïs. Le buttoir simplifie le travail.

265. *Comment s'effectuent les labours en pente?*

Le travail du labour en pente est moins pénible quand les sillons sont tracés horizontalement. Un autre avantage, c'est qu'on arrête ainsi les dégâts des eaux pluviales qui entraînent la terre et les engrais, et déracinent les jeunes plants. Il existe des charrues à double soc construites spécialement pour ces sortes de labours.

266. *Qu'est-ce que le riolage?*

Le riolage est un exhaussement du sol effectué à la bêche pendant la végétation des plantes. De 4 mètres en 4 mètres, on creuse une rigole de 50 centimètres environ de profondeur, sur une même largeur. La terre extraite de l'intervalle des planches est jetée successivement au pied des récoltes (1) pour les butter. Chaque année la rigole change, et au bout de huit ans la pièce se trouve parfaitement défoncée. Ce procédé est aussi applicable aux sols très-humides.

267. *Quels sont les moyens de détruire le chiendent?*

Pour purger un champ envahi par le chiendent, la folle avoine ou d'autres plantes parasites à racines vivaces, on donne par un temps bien sec un labour profond. On ne herse que quelques jours après, quand les racines paraissent desséchées. Le hersage s'opère à plusieurs reprises, à l'aide de vigoureux instruments. Il est presque toujours nécessaire d'appliquer un second labour. Ces opérations ne sont efficaces que par un soleil ardent, surtout dans les terres fortes.

268. *Qu'appelle-t-on terre gâtée?*

On appelle terre gâtée celle qui a été travaillée à contre-temps. On gâte la terre lorsqu'on la retourne humide, ou sèche, ou gelée à l'excès, lorsqu'on la herse ou la roule à l'état humide, ou avant des pluies battantes. La terre gâtée se reconnaît par l'invasion des mauvaises herbes : sanves, pavots, bleuets, etc., et par la pauvreté des récoltes.

---

(1) Sur la pomme de terre en Irlande, sur le colza en Flandre, sur la garance dans le midi.

269. *Quels sont les avantages de la culture en lignes?*

Les avantages de l'ensemencement en lignes pour les céréales, sont : d'économiser un quart environ de la semence ; de laisser l'air circuler avec pleine liberté ; de permettre de concentrer des engrais sous les lignes occupées par les plants ; de faciliter les binages à la main et surtout à la houe à cheval. Ils sont surtout applicables aux contrées, où les ouvriers sont familiarisés avec les sarclages, où le prix des journées est peu élevé, où le sol est frais, uni, et où les printemps sont favorables au tallage. Les terrains trop secs, trop compactes, trop humides, pierreux, ne peuvent être soumis à cette pratique.

270. *Quelle est en moyenne le travail que l'on obtient des attelages?*

Par jour de 10 heures, et dans un sol de consistance moyenne, un attelage de 2 chevaux laboure 50 ares, s'il s'agit d'un déchaumage ou d'un labour de semence. Il ne retournera que 30 à 40 ares, s'il accomplit un labour profond.—Avec le scarificateur, un attelage de 3 chevaux peut façonner 200 à 250 ares. Un seul cheval peut à la herse apprêter 200 ares, s'il roule 400 ares.—La vitesse d'un attelage de bœufs est moindre environ de 1/5.

271. *Quelles sont les œuvres qu'exige l'assolement de 6 ans?*

Si l'on suppose que l'assolement de 6 ans soit

suivi sur une petite ferme de 30 hectares, voici le nombre de labours et de menues façons qu'il faudrait effectuer chaque année :

SOLES de CINQ HECTARES.	LABOURS.		NOMBRE.	HERSAGES.	ROULAGES.
	ÉPOQUE.				
1. Betterave...	oct., nov., mars ...		3	3	3
2. Orge.......	avril............		1	2	1
3. Trèfle......	//		//	//	//
4. Blé........	octobre..........		1	2	//
5. Vesces	mars.............		1	2	1
6. Blé........	août, octobre......		2	2	//
6 × 5 = 30			8	11	5

On a donc à labourer chaque année (8×5) = 40 hectares ; à herser (11×5) = 55 hectares ; à rouler (5×5) = 25 hectares.

272. *Quelle est la méthode de fenaison de Klapmayer ?*

La méthode de Klapmayer peut être utilement suivie pour faner les fourrages légumineux. Le lendemain du fauchage, on met le trèfle en meule de 3 ou 4 mètres de diamètre sur 4 ou 5 de hauteur, en comprimant légèrement dans tous les sens. Dès que la chaleur intérieure ne peut plus être supportée par la main, et qu'une odeur de miel se dégage du tas, on le démonte immédiatement pour en étaler le fourrage à l'entour. Après quelques heures d'exposition à l'air, on reconstruit la meule dans laquelle le foin, quoiqu'il ait bruni, acquiert une saveur très-appétissante pour le bétail. Les fortes pluies contrarient ces opérations qui d'ailleurs exigent beaucoup de main-d'œuvre pour le déplacement du fourrage.

273. *Quels sont les moyens d'obvier à la verse des céréales ?*

On attribue la verse des blés à une fumure trop abondante, à des labours trop superficiels, aux pluies excessives, à l'insuffisance de la silice, à la nature trop débile des tiges. On remédie à la première cause en faisant précéder le blé d'une récolte épuisante et en semant tard ; à la seconde cause, en rendant la couche arable plus profonde ; à la troisième cause, en drainant et en semant clair. On répare le défaut de silice par l'application d'amendements ou d'engrais bien pourvus de cet élément. Si les tiges pèchent par délicatesse il faut choisir des variétés à talles robustes.

274. *Le changement de semence est-il nécessaire ?*

Quand on tient à conserver dans toute sa pureté une variété qui dégénère dans le sol (1) où on la

____

(1) Fougères, landes.

cultive, il faut se procurer de temps en temps de nouvelle semence dans un pays qui a acquis un re-nom mérité. Mais la détérioration du grain ne se produit que rarement, si le sol est amendé et cultivé avec soin, et si la semence est toujours choisie bien mûre et bien nette.

CHAPITRE XIX.

—

Assolements.

275. *Quelles plantes conviennent spécialement aux terrains sableux ?*

Les plantes qui se plaisent dans les terrains sableux, sont : le seigle, le sarrazin, la spergule, le trèfle incarnat, la séradelle ou pied d'oiseau, la carotte, la pomme de terre et le topinambour.

276. *Quelles plantes prospèrent dans les terrains argileux ?*

On cultive avec succès dans les terrains argileux : le froment, l'avoine, l'orge, le colza, les fèves, les choux, les vesces, le trèfle et la luzerne.

277. *Quelles plantes réussissent le mieux dans les terrains calcaires ?*

Les terrains calcaires admettent avec le plus de profit l'orge, le froment, les pois, la lentille, la navette, la caméline, le sainfoin, la lupuline, la pimprenelle, les navets et les pommes de terre.

278. *Qu'est-ce que l'effrittement du sol ?*

On nomme effrittement l'épuisement des couches

profondes du terrain en principes nutritifs spécialement propres à certaines plantes. La luzerne, le sainfoin, par leur retour trop fréquent dans la même terre perdent de plus en plus de leur durée et de leur abondance.

279. *Qu'appelle-t-on culture alterne ?*

La culture alterne est celle qui est combinée de manière à se suffire à elle-même, c'est-à-dire à se passer d'engrais extérieurs. Pour remplir ces conditions, il faut que le domaine puisse entretenir par ses soles fourragères assez de bétail pour produire environ chaque année 10,000 à 12,000 kilogrammes de fumier par hectare. Suivant le degré de fertilité du domaine, le tiers ou la moitié des soles doit être en plantes fourragères.

280. *Quelles rotations peuvent-être adoptées pour les terres sablonneuses ?*

Voici deux exemples d'assolements propres aux terres sableuses : A. 1. Sarrasin et navets fumés ; 2. Avoine ; 3. Spergule et jarosse ; 4. Seigle. — B. *Assolement plus riche.* 1. Carottes ; 2. Seigle fumé et ensuite navets fumés ; 3 Lin avec fumure liquide ; 4. Seigle, puis incarnat ; 5. Incarnat, puis pommes de terre ; 6. Mélange-fourrage (spergule, sarrazin, gesces).

281. *Quelles rotations conviennent aux terrains argileux ?*

On peut adopter suivant la nature et l'état de fertilité des terres argileuses l'une des rotations suivantes : A. 1. Fèves binées et fumées ; 2. Froment. — B. 1. Demi-jachère ; 2. Colza d'automne : 3. Céréale d'hiver. — C. 1. Plantes sarclées, fumées ; 2. Orge ou avoine ; 3. Trèfle ; 4. Céréales d'automne. — D. 1. Pommes de terre ou betteraves fumées ; 2. Blé avec trèfle semé au printemps ; 3. Trèfle ; 4. Froment et navets en récolte dérobée ; 5. Avoine. — E. 1. Tabac ; 2. Blé suivi ou non de navets ; 3. Chanvre, féverolles, colza repiqué ou trèfle.

282. *Quels sont les assolements des terres calcaires ?*

On peut proposer pour les sols calcaires : A. en *terres médiocres.* 1. Pommes de terre ; 2. Orge avec lupuline ; 4. Blé. — B. en *terres plus riches.* 1. Haricots, maïs ou betteraves ; 2. Blé ; 3. Trèfle ; 4. Blé ; 5. Colza repiqué. — C. *Assolement avec luzerne ou sainfoin.* 1. Jachère ou plantes sarclées ; 2. Blé avec trèfle ; 3. Trèfle ; 4. Blé ; 5. Plantes très-soigneusement sarclées ; 6. Sainfoin ou luzerne, seuls ou sous la protection de l'orge ou du sarrazin ; 7. Sainfoin ou luzerne, pour six ou huit ans.

283. *Comment s'opère la substitution d'un assolement à un autre ?*

Soit à transformer l'assolement triennal pur, suivi dans une petite ferme de 30 hectares, en assolement alterne de six ans. On opère comme il est indiqué dans le tableau suivant :

PREMIÈRE année.	DEUXIÈME année.	TROISIÈME année.	QUATRIÈME année.
JACHÈRE, 10 hectares.	5 hect. Blé. — 5 hect. Blé.	5 hect. Vesces — 5 hect. Trèfle.	5 hect. Blé. — 5 hect. Blé.
BLÉ, 10 hectares.	5 hect. Trèfle. 5 hect. Avoine	5 hect. Blé. — 5^h Pl. sarclées	5^h Pl. sarclées. 5 hect. Avoine.
AVOINE, 10 hectares.	5^h Pl. sarclées — 5^h Jachère.	5 hect. Avoine — 5 hect. Blé.	5 hect. Trèfle. — 5 hect. Vesces.
Semer du trèfle sur la moitié de la sole de blé.	Conserver 1/6e seulement en jachère.	Supprimer complètement la jachère.	Chaque nouvelle sole est à son état normal de culture.

Pour procéder avec prudence à l'introduction d'un nouvel assolement, il faut étudier à fond les ressources du terrain, observer les habitudes locales et calculer avec soin les avances nécessaires. Il importe de n'admettre les racines que dans les terres en excellent état de netteté et de richesse, et de ne pas se priver brusquement de paille par la suppression d'une grande étendue de céréales.

284. *Comment apprécie-t-on le mérite d'un assolement?*

La supériorité d'un assolement se révèle dès la

deuxième ou troisième année par les signes suivants :
1° augmentation marquée des diverses récoltes ;
2° accroissement des fumiers ; 3° abondance de
fourrage pour le bétail ; 4° exécution facile des
travaux en temps opportun ; 5° diminution des
dépenses.

La simple observation suffit pour reconnaître
cette marche progressive, mais c'est seulement
par une comptabilité régulière qui porte la clarté
sur l'ensemble et les détails de la culture suivie,
qu'on peut acquérir la certitude d'un succès complet et durable.

En général le mérite d'un assolement alterne
peut s'apprécier par cette règle :

Si la terre conserve, à la fin de l'assolement, la
totalité des principes fécondants qu'elle contenait
à l'origine, l'assolement est bon. Si de plus, elle
possède un excédant de principes fécondants, fournis
ordinairement par l'atmosphère, l'assolement est
d'autant meilleur que cet excédant est plus considérable.

CHAPITRE XX.

—

Plantes parasites et insectes nuisibles.

—

I. CHAMPIGNONS PARASITES.

285. *Qu'est-ce que l'ergot?*

L'ergot est une espèce de champignon qui transforme le grain en une sorte de corne violette ou noirâtre. On l'observe surtout sur le seigle dans les sols sablonneux et dans les années humides. Cette excroissance doit être séparée du grain dont elle rendrait la consommation très-dangereuse.

286. *Qu'est-ce que la carie?*

La carie est un champignon qui transforme le grain de blé en une poussière grisâtre, fine et très-fétide, et qui cause souvent de grands ravages aux récoltes. Les germes du champignon, entraînés dans le végétal par la sève, se développent dans les grains du blé. On reconnaît de bonne heure les pieds cariés; les talles en sont d'un vert plus foncé, les épis plus droits, les épillets plus écartés. Le sulfate de cuivre et le sulfate de soude (1) sont em-

(1) Voir : question 70.

ployés pour détruire les germes de la carie qui peuvent s'être fixés aux grains de semence.

287. *Qu'est-ce que la rouille?*

La rouille est un champignon qui, sous forme de petites pustules remplies de poussière jaunâtre, attaque les feuilles et le chaume des céréales (blé, orge, avoine). Elle se montre surtout dans les champs humides, à la suite des pluies ou des brouillards. La paille perd de sa valeur et le grain reste léger et rabougri. On n'a pas encore trouvé de remèdes pour la combattre avec succès.

288. *Qu'est-ce que le charbon?*

Le charbon ou nielle est un champignon qui transforme la matière succulente du grain en une poussière noire, et qui détruit aussi les organes floraux de la plante. Cette poussière est dispersée facilement par des vents secs avant la moisson ; elle n'a pas d'odeur fétide. On observe fréquemment le charbon dans les années chaudes et humides sur l'orge et sur l'avoine, plus rarement sur le blé et sur le maïs.

289. *Qu'est-ce que le rhizoctone?*

Les rhizoctones sont des champignons parasites composés de tubercules charnus, arrondis qui émettent en tous sens des filaments grêles et entre-croisés. Ils attaquent les racines de la luzerne et la font rapidement périr. Pour préserver la pièce, on enveloppe d'un fossé la partie où le rhizoctone s'est établi, et on la brûle. On observe encore ce parasite sur le safran.

II. PLANTES PARASITES.

290. *Qu'est-ce que la cuscute ?*

La cuscute est une plante sans feuilles dont les tiges sont des fils qui épuisent par leurs suçoirs les plantes auxquelles ils s'entortillent. Elle produit abondamment des fleurs très-petites et blanchâtres. La cuscute fait des ravages considérables dans les trèfles et la luzerne, si dès son apparition on néglige de faucher les fourrages attaqués et de brûler même le sol et leurs racines.

291. *Qu'est-ce que l'orobanche ?*

Les orobanches sont des plantes parasites qui portent des écailles au lieu de feuilles, et qui se nourrissent aux dépens des plantes utiles. L'orobanche du trèfle s'implante sur les racines de ce fourrage. L'orobanche rameuse croit sur le chanvre et quelquefois sur la carotte. On observe sur la luzerne une orobanche jaunâtre. Il n'existe aucun moyen de détruire ces plantes qui d'ailleurs ne causent que des dommages peu importants.

III. INSECTES NUISIBLES.

292. *Qu'est-ce que le charançon ?*

Le charançon des blés est un coléoptère de $0^m.003$ à $0^m.004$ de long, dont la tête est munie d'une trompe. L'œuf que l'insecte parfait dépose dans chaque grain éclot dix jours après, consomme toute la farine, se transforme en crysalide et ne sort qu'à l'état parfait du grain où il réside. Les ravages des charançons peuvent détériorer jusqu'à 12 p. % du poids de la récolte.

293. *Qu'est-ce que la fausse-teigne et qu'est-ce que l'alucite?*

La fausse teigne est un insecte de l'ordre des papillons, de 10 millimètres de long. Sa chenille ou larve pour se nourrir et s'abriter, lie avec des fils soyeux plusieurs grains de blé en forme de coque. A l'état de crysalide elle ne mange pas.

L'alucite est un papillon peu différent de a fausse-teigne. C'est à l'état de chenille qu'elle attaque le blé; elle s'introduit dans le grain et y reste cachée jusqu'à sa transformation en papillon. La ponte se fait aussi bien dans les greniers que dans les champs. — Les moyens proposés pour combattre ces insectes sont des pelletages fréquents, l'étuvage à 60°, l'asphyxie par la combustion du soufre.

294. *Quels sont les moyens d'expulser les altises?*

Les choux, les navets, le colza, la betterave, etc., sont souvent dévorés, au moment où les premières feuilles paraissent, par les altises bleues ou puces de terre. La suie, les cendres, la chaux sont employées souvent sans succès. Ce qui réussit le

mieux , c'est de procurer aux plantes une végétation vigoureuse et rapide , et d'accélérer les sarclages.

CHAPITRE XXI.

—

Haies et Chemins.

295. *Quels sont les avantages des haies?*

Les haies ont pour but de préserver les propriétés de la vaine pâture, de la maraude, de l'invasion des animaux et de la violence des vents. Elles sont surtout indispensables aux pâturages d'élève ou d'engrais pour contenir le bétail dans un espace circonscrit. On fait des clôtures sèches ou vives. Les premières se composent de palis reliés par des traverses en bois ou en fil de fer et souvent garnis de fascines. Elles sont ordinairement dispendieuses et souvent peu durables. Les haies vives présentent des avantages supérieurs.

296. *Comment s'établissent les haies vives?*

Les haies vives de défense se font en charme, acacia, frêne, érable, pin, aubépine. Cette dernière essence est préférée. On sème en pépinière par lignes espacées de 35 à 40 centimètres des graines d'aubépine ramassées à l'automne. Il est bon de repiquer à deux ans. La transplantation a lieu à la troisième ou à la quatrième année. On établit en

7.

général les plants sur deux rangées parallèles; les parallèles sont à 30 centimètres de distance, et les plants à 20 centimètres. Si la pièce est entourée de grands fossés, on plante trois rangs sur le **talus** : au sommet, au niveau du sol et entre ces deux points. La jeune haie doit être sarclée avec soin, fumée au besoin et bien défendue.

297. *Comment entretient-on les haies vives?*

Quand la reprise est bien assurée à la deuxième ou à la troisième année, on recèpe raz-terre tous les pieds qui émettent alors des tiges vigoureuses et épaisses que l'on arrête à la hauteur voulue. Quand on se sert d'essences dénuées de piquants, on entre-croise les tiges et on les maintient par des perchettes transversales. La tonte se fait deux fois par an, en mai et en août. Les élagures s'emploient comme litière.

298. *Quels sont les avantages des bons chemins?*

Le bon état des voies de communication équivaut à un rapprochement de distance et dégrève les exploitations de frais souvent énormes. Les chemins bien entretenus sont praticables en toutes saisons, permettent de doubler la charge des attelages, de ménager les harnais et les voitures et d'effectuer tous les transports avec autant de commodité que de promptitude. Les dépenses affectées aux soins de la viabilité sont payées au décuple par le développement de la richesse agricole du pays.

299. *Comment se construisent les chemins ruraux?*

On donne **aux** chemins ruraux, suivant leur destination, de **2** à **5** mètres de largeur. De chaque côté, il faut établir pour l'écoulement des eaux un fossé de 0^m 50 de large sur 0^m 40 de profondeur environ. La chaussée doit présenter sur la largeur un bombement suffisant (1) pour rejeter les eaux pluviales dans les fossés. Il faut éviter les pentes de plus de 0^m 06 par mètre et les courbes de moins de 10 mètres de rayon. La chaussée se consolide au moyen de pierres dures cassées à la grosseur d'un œuf et recouvertes d'un peu de sable ou de gravier.

300. *Quels soins d'entretien exigent les chemins?*

Il importe que les détériorations que subissent les chemins soient réparées sans le moindre retard. On comble avec de petites pierres les ornières sèches. Les flaques sont ébouées soigneusement avant d'être remplies de cailloux. On dégage les fossés encombrés par l'éboulement des bords. Les haies, les arbres trop serrés nuisent par l'ombrage à l'assèchement des chemins.

---

(1) On donne à la flèche le 25e de la largeur; sur 4 mètres, 0^m,16 de hauteur.

TABLE ANALYTIQUE.

(Les chiffres renvoient aux numéros des questions.)

www.ingramcontent.com/pod-product-compliance
Lightning Source LLC
Chambersburg PA
CBHW061347060726
47597CB00003B/756